解構滋味：

香港飲食文學與文化研究論集

（滋味增訂版）

U0130721

解構滋味

香港飲食文學與
文化研究論集

（滋味增訂版）

蕭欣浩　著

初文出版社有限公司

序一

阿 澤

我們叫他阿澤，據說某年某月的一天，有人發覺他的眼也好、鼻也好，極像一位叫阿澤的香港運動員，所以從那時開始，我們叫蕭欣浩做阿澤，我思疑這個花名已經正式印在他的身分證上了。對於我來說，蕭欣浩確是一個運動員，因為他有一流運動員的毅力和能量。不講不知，年青時候的他是一名短跑選手，我可以想像他在運動場上衝線的一刻，同學們為他歡呼拍掌。可惜，我認識他的時候，他已經不跑了，現在大概也跑不動了，但在生活的不少層面上，他仍是一個精彩的運動員，從短跑的拼勁發展到長跑的持久力。

阿澤是我少數遇見如此堅持自己理念的人，在現實的香港社會中，尤其難得。在人群中，他可能不特別起眼，你不會一

眼看到他，但認識他愈久愈覺得他特別，你永遠不會忘記他。阿澤藏著無限的潛能，好像看不到盡頭的大路。回想他這十多年的經歷，從廚師生涯轉到古文字學研究，看似很大的變化，但他其實從未放棄過食物研究，而且看來愈做愈成功呢。要寫一篇好的食物論文，單是懂得寫論文的技巧和書本的知識是遠遠不夠的，作者一定要懂得食物本身，懂得吃，熱愛吃，最好還懂得煮，這些都不是現時香港學院能夠提供的知識，阿澤有著一個優秀食物研究者的條件，他當過廚師，對食物的歷史和文化有研究，這是他憑自己努力所得到的。從外面看，很多人會以為研究食物、寫食物文章是很好玩的事情，但實情不一定是這樣吧。在香港的學術界，食物研究還未有完善的發展，一些人誤以為這是不入流的學科。我知道阿澤也曾受到這方面的壓力，但他堅持下去，忠於自己，繼續跑下去。

阿澤告訴我這論文集是代表他人生的一個階段，而我非常榮幸可以在他人生的路上擔當一個角色——同枱吃飯的人。研究食物其實是研究人與人的關係，看阿澤的文章，我會記起與也斯從喝酒到吃齋，從他健康到生病後的不同飯菜。我又記起與蘇童在香港吃西班牙菜的熱鬧氣氛，在飯桌上認識一位中國優秀作家。我和阿澤一起吃飯無數次，最多是和大伙人一起吃，他總是靜靜地為大家服務，點菜啦、埋單啦……。食物研究背後是人情與關懷，一起經歷甜酸苦辣。然而，大概在無

數的年後，我記憶中的阿澤，應該是和他一起在飯堂的日子。我和阿澤是同事，有時下午會一起到學校飯堂買咖啡。與阿澤到飯堂，你會覺得自己突然變成貴賓，因為他與飯堂所有員工都認識，而且非常要好，他們好像有自己的語言，一個動作，一個微笑都有自己的意思，而因為我是阿澤的朋友，所以也得到特別的招待呢！這些生活片段，讓我明白阿澤的食物研究源於他在地的生活。

有時我覺得阿澤要比我成熟，雖然我年紀比他大。相對於他，我是一個揀飲擇食的麻煩人，他寬闊的口味，讓他可以嚐到人生百味，而我只能另闢途徑。我爸爸很喜歡吃東西，我記得每次他和朋友吃飯的時候，飯桌上都是美味佳餚和洋酒，當時小小年紀的我，看到大人們高談闊論，我不知道他們說什麼，但從那時候起，我就萌生了一個觀念：人生的事情就在飯桌上。我和阿澤相識十多年，在大大小小的飯桌上討論過無數的事情，經歷了平靜的香港、躁動的香港。看了這本書，我很高興這些飯局也好像有點用。這書出版以後，我知道他將會走進人生另一個階段，繼續他長跑之路。無論往後如何，天氣或好或壞，大家還是會一起吃飯的。

自序

對我來說，飲食就是生命。

我在課堂上教飲食文學，不免會談到記憶，飲食每每能夠將回憶定位，一點也不假。記得小時候，幼兒園旁邊是社區中心，母親有時會到那裏上烹飪班，不少日子，我放學後不是回家，是牽著母親的手走過去，從窗花透望大人來來往往，食物的香氣陣陣飄來。年幼的我就坐在旁邊的高凳，看大人在料理枱旁邊，加減量秤，說笑討論，原來烹飪是這樣快樂的。樸實的奶油蛋糕，大家為我唱的生日歌，三十年後的今日，我仍然清楚記得。

十多年過去，對飲食的愛好不單累增成興趣，更壯大得使我敢於放棄升學，去追尋當廚師的夢想。常聽說，不要將愛好變為工作，或者因為愛好是甜的，工作是苦的，兩者融為一體，苦總有一天蓋過甜，就會愈來愈厭惡自己的興趣。我曾經也半信半疑，但當十九歲的我，站在法國餐廳的廚房，當了幾個月初級廚師，每天洗廚房、倒垃圾，打碎蒜頭，預熱餐湯，

切菜執碼，日復一日。間中還要捱罵幾句，失神切著手指，忍受老闆脾氣，哭笑過後，終於明白，甜苦皆味道，廚師就是要認識、融匯各種味道，酸甜苦辣咸我都樂於接受。話說回來，若果愛好會因為變成工作而受影響，只怪興趣未去到酷愛的程度，每每渴望「同甘」，不想丁點「共苦」，情況如此，將興趣與工作儼然二分也許是好事，因而衍生出「興趣不能變成工作」的說法，也是無可厚非的。廚房教曉我調節人情冷暖，讓我在現實尋找甜苦的平衡，苦中不免有樂，甜裏也需警醒。飲食於水火之間傳授給我的道理，至今未忘，終身受用。

2003 年，一場無人能料的非典型肺炎，重創香港，連帶飲食業受到嚴重影響，驅使我於完夢以後，重返校園。我未有放棄廚師的身分，有時間就回到餐廳充當「替工大廚」，足夠讓我在繁忙的生活中，得到忘我的喘息機會。在嶺南中文系接觸到不同學科，充實之餘，我仍希望以任何方法，延續飲食與自身的姻緣，漸逐萌生將飲食與中文結合的想法。最先接觸到的，是也斯的創作和研究，當時的我於飲食文學及文化上一竅不通，也斯知道我是廚師，常與我傾談飲食的事，我才慢慢於飲食範疇上，踏進創作和研究之路。本論文集收錄了三篇以也斯為研究對象的文章，〈也斯的跨文化飲食地圖——以其詩作為研究核心〉是我研讀也斯飲食詩後，所歸納出的一些看法。〈越界的味覺漫遊——論也斯遊記中的飲食意涵〉以遊記作範

疇，展現也斯全球文化探索的跨度，梳理當中的種種意涵。〈攝飲寫食：也斯戰後香港飲食文化觀察〉主要從文化角度出發，以《也斯的香港》與《也斯看香港》為中心，整合也斯對戰後香港飲食文化的論述，並以書中也斯的拍攝作為對照的例子。也斯是我於飲食創作和研究上的啟蒙老師，三篇文章呈現也斯豐富的飲食面向，我謹以這些研究，表達對他最深切的敬意和謝意。

　　飲食課題以外，我最感興趣的是文字學課，碩士、博士也以此作為論文的研究範疇。文字不單單是形、音、義，也包含不少古代文化，例如器物、漁農類別的文字，很多都與飲食文化相關，尤為令我感興趣。飲食文化與古文字結合的研究，前人已有不少論說，但作為這兩方面的愛好者，何不自己也動手投入探索，因此寫成〈從甲骨文看商代煮食文化〉，嘗試從甲骨文的字形，了解殷商時期火燒、水煮、氣蒸的煮食方法，從文化角度進一步討論文字。我的碩士、博士論文均由李雄溪教授指導，於學術研究以至人生路途上，他給予我很多寶貴的意見和指引。李教授於文字學的研究以外，讓我追尋自己的方向，默默從旁引領、關顧，直至我現在身為人師，才明白李教授一直以來的苦心，對此種種我尤是感激。

　　電影也有不少飲食的記錄，最早帶我投入電影研究的是黃淑嫻教授。記得最初黃教授找我為一些粵語舊電影寫點分析，

我當時不太熟悉電影，更何況是上世紀五十至七十年代的電影，我直言自己沒有經驗，黃教授說不要緊，可以試試，世上很多事都是從嘗試開始的。電影看多了，興趣也培養出來，自己更希望能從中找到飲食相關的元素，白燕挾起一箸餸，謝賢走入一家餐廳，電影所保留的場景、習慣、文化、歷史，正正可以與書本的資料作對照，有時看到食肆的鏡頭，角色與食物互動，我也慶幸這些電影可以保存下來。〈食在光影中——試論五、六十年代倫理片中的矛盾〉就是於這樣的語境下寫成，文章以飲食為中心，談貧富、長幼、男女三者各自的矛盾。後來的〈戰後香港的飲食影像——以五、六十年代香港電影為研究核心〉，更多將電影飲食的材料，置於當時的香港飲食文化中討論。電影確實是文字以外的重要蹊徑，讓我討論戰後香港的飲食文學與文化時，有更多有趣、實用的資料，感謝黃教授領我入電影的寶山之中。

相比之下，台灣各方面的飲食研究，比香港發展得更早、更快，置身其中的學者與作者不計其數，我有幸能認識到當中幾位，他們於飲食範疇上所作的貢獻，不僅令我敬佩，亦成為我向多方發展的推動力。焦桐是台灣飲食文化的帶頭人物，辦過飲食雜誌，也有很多飲食的創作和研究。2009 年的我仍是學生，經由也斯的介紹而認識焦桐，我在「客家飲食文學與文化國際學術研討會」，見識到飲食文學與文化研討會的實際情

況，學者依所長各抒己見，令我眼界大開。會後還有「客家文學宴」，將文字在餐桌上實體呈現，吃下去，是文學加持的另一重滋味。焦桐將文學、文化、食物融會貫通的做法，對我起了很深的影響，談飲食文學、文化，怎可能空談，而沒有食物可以品嚐的呢！

須文蔚教授實在是位美食家，每次他帶來的食物外表都樸實無華，都不是旅客認識的大眾手信，我吃下去就明白被挑選的原因，須教授的品味由此可以感受得到。《烹調記憶》是須教授出版的飲食書，將菜式與人物傳記完美結合，我讀畢才恍然大悟，原來人生可以這樣書寫。我往後的社區工作，更多接觸到長者，於記錄的時候，也總會記起須教授這種方法。劉克襄同樣開拓我的飲食視野，在他擔任駐校作家的時候，跟隨他走進山野就能明白，各處盡是有待探索的故事。劉老師以自然、旅遊為題的著作，留下很多飲食的線索，我嘗試以這個角度切入，寫成〈從耕農到醃醢：論劉克襄飲食散文的建構與書寫策略〉，梳理劉老師著作的飲食部分，探討食物的運用如何完整他的寫作目的。

翻閱古代飲食方面的研究，早已看到陳素貞教授的名字，她是這方面的專家，當時仍在學的我，於文字以外，也希望能跟她多多學習，但苦無機會。在陳教授研究的薰陶下，我嘗試再讀蘇軾的飲食詩，以他的人生經歷作貫穿，了解飲食如何展

現他不同時期的心態，〈從飲食詩看蘇軾的貶謫生活〉一文，現在看來屬於初生之犢的嘗試，但至少讓我學會，人生跌宕似乎是必經的事，飲食排解煩憂的作用，古今亦都相同。一次飲食研討會，初次與陳教授碰面，我們以飲食打開話題，不用多久已經無所不談。之後我到台灣作服務研習，陳教授與一眾友人鼎力相助，我也跟著學生一同學習，大家都能感受到她對飲食、教育、社區的熱情和投入。我們有幸能跟著陳教授的腳步，踏進他的研究領域，幾天來的體驗，至今仍難以忘懷。

作家當中不乏饕客，如蘇童於對談中，自稱是「吃貨」。蘇童來港擔任駐校作家，我經由黃淑嫻教授與他認識，從第一次見面開始，到我們不捨地為他餞行，大部分情況都在餐桌之上，因為蘇童確實是愛吃之人，而且吃得精細，我跟著他吃，總無法與美食分開，我也慢慢開始留意蘇童對飲食的看法。作品多少是作者的反映，蘇童的著作不少與飲食相關，我稍稍整理了一小部分，寫成〈飲食、血源與慾望：以蘇童的〈堂兄弟〉與〈玉米爆炸記〉為例〉，分析蘇童於小說中以食物探討人性的方法。蘇童豐富了我對小說中飲食的看法，也加深了我對威士忌的愛好。

第一次跟陳冠中碰面是在北京，我和他在書店談也斯，講座後我們坐在書店喝著咖啡聊天，聽陳冠中訴說舊時逸事，好像一同回到過去的年代，那時候百花齊放、創意滿溢，人與

人之間有種難以言明的親切，我坐在陳冠中旁邊，仍然感受得到。陳冠中的〈金都茶餐廳〉我看過好幾次，讚嘆文中的粵語書寫可以如此嫻熟，對香港社會、文化、飲食有如此細緻的刻劃。我在〈從英式到港式：論茶餐廳食物的傳承與轉化〉一文，引用到〈金都茶餐廳〉，來展現茶餐廳食物的多樣性，文中也談到英式飲食文化於香港轉變的過程。香港的飲食書寫也在轉變，變得愈來愈少了，席間我跟陳冠中這樣說。記得他回了一句，那就由你來寫吧。我不時會記起這個畫面，自己當時的回應也變成了堅持，是，我會嘗試的。

　　我從小說、散文、新詩認識舒巷城，敬重他對香港的深厚感情，也希望能有他一手簡練的文筆。舒巷城記錄很多香港事物，尤為喜歡他描寫平民百姓的生活，拼湊成活潑實在的世界，飲食是日常的重要一環，舒巷城用以建構他眼中的香港。〈味覺嚮導的探索：舒巷城飲食散文中的香港〉是我對舒巷城致意的研究，希望能將他多年來累積的創作，以飲食貫穿，了解他對香港的看法。舒巷城愛喝咖啡，一次活動與巷城嫂（王陳月明女士）傾談，我提起舒巷城這個習慣，她分享了舒巷城的旅遊逸事，言語間，我能估計他熱愛咖啡的程度，也感受到他們夫婦間的深厚情誼。

　　飲食研究的路上，不少老師都給予我多方指導。許子濱教授於傳統小學和經學上給了我很多意見，令我更多涉獵古禮

於飲食上的彰顯。修讀劉燕萍教授的神話與古典小說課，認識到古代寫實和奇幻的故事，文中豐富的食物已經是有趣的研究課題。導演黃勁輝博士，讓我參與兩齣文學家紀錄片的拍攝工作，期間我能以新角度，回看劉以鬯與也斯的故事，也進一步認識他們的家人好友，對他們的飲食逸事漸漸又有了新的定義。

在台灣交流的歲月，幸得蔡長林教授關顧，在我遇上困難的時候，與我並肩同行。蔡教授時常帶我吃水餃、牛肉麵和熱炒，日子就這樣緩緩度過。車上的閒聊，路邊攤的小吃，令我重新感受生活，感謝他帶來日常的美好。簡錦玲是我在高雄的飲食研討會後認識，我們在捷運談了很多飲食的事，之後我每到台北，都會找這位飲食相知，在餐桌上聊聊近況和飲食議題。錦玲對植物和飲食素有研究，談過野菜的烹調，梳理台灣菜的源流，文章都一一叫我佩服。

飲食擴闊了我的世界，在韜哥的「大榮華」飲杏汁鮮奶燉白肺湯，於「悠閒閣餐廳」向馬麗華女士請教社企的理念，跟Charles到「富臨飯店」認識殿堂級大廚楊貫一，借Wendy的「清山塾」辦首次「社區廚房」，坐在「愛群快餐店」聽老闆強哥說快餐店的歷史，帶學生到「合利洪記茶餐廳」訪問老闆洪先生，到「八仙餅店」請教榮哥做餅的故事。不同學校和機構，邀請我分享飲食文化，傳媒朋友也慷慨讓我抒發對飲食的看法，還有其他因著飲食而相遇的人，我一併在此道謝。

感謝香港藝術發展局支持，這本飲食論文集才能面世，亦得黎漢傑先生與「初文出版社」的團隊，幫忙策劃和執行一切相關工作，令文字最終歸位，疊印成實體的著作。梁慕靈教授為本書撰寫推介，扼要指出論文集的特點，希望日後能多向她請教。

生日蛋糕上甜滑的奶油，馬爾代夫的鮮魚大餐，蘇澳鮮甜的魚湯，台南餐廳滿桌的小炒，青青休閒農園的農家菜，飲食留下的記憶，久久未有褪色，我感激它們的存在，也是它們成就了我。

是為序。

2019 年 5 月 4 日於嶺南大學

第一輯

古代文字與文學

從甲骨文看商代煮食文化

一、引言

殷商時期，文字剛剛發展，圖象性強，字符的構形仍保留事物的本意和原形，從中亦能反映當時殷民的所見所聞。分析甲骨文的構形，可以了解殷商時期的煮食文化，甚至能推前至更早時期，了解飲食文化的演變脈絡，從先民「食草木實」、「茹毛飲血」的階段，至懂得用火燒炙食物的時期，演進到以鬲釜水煮，和及後以甑甗烹蒸的年代。這些煮食方法，一直流傳至商代社會，並持續影響後續數千年的飲食文化。

二、火炙——脫離生吃的初步

上古之時，先民未懂用火，亦未發明工具，只能棲居樹上，以果實充飢，《莊子》〈盜跖〉載：「古者禽獸多而人民少，於是民皆巢居以避之。晝拾橡栗、暮棲木上。」[1] 及後，先民懂得使用木棒、石塊等工具，可四處採摘和獵食，食物來源亦隨之增加，但先民只能生吃所得的鳥獸及海產，《禮記》〈禮運〉云：「昔者……未有火化，食草木之實，鳥獸之肉，飲其血，茹其毛。」[2] 又，《韓非子》〈五蠹〉：「上古之世……民食果蓏蚌蛤，腥臊惡臭，而傷害腹胃，民多疾病。」[3] 肉類海產未經燒煮，內藏細菌，容易變壞，先民吃下當能充飢，但亦有生病、甚至死亡的可能。先民通過不同的自然現象，如打雷或由乾燥所致的火災，漸漸明白到火不但能取暖，更可燒熟食物。先民經過長時間的接觸和反覆經驗，懂得以樹枝續燃火種，及後發現最原始的生火方法——「鑽木取火」，如傳說中的燧人，便是「鑽燧取火，

[1] 郭象注；陸德明釋文；郭慶藩集釋，《莊子集釋》（台北：世界書局，1982），頁 429。

[2] 鄭玄注；孔穎達疏；龔抗雲整理；王文錦審定，《禮記正義：評點本》（北京：北京大學出版社，1999），頁 668。

[3] 陳奇猷校注，《韓非子集釋》（北京：中華書局，1958），頁 1040。

以化腥臊」[4] 又，《禮緯》〈禮含文嘉〉所載：「燧人始鑽木取
火，炮生為熟。」[5] 燧人將生火之術授予族人，先民懂得以
火燒炙食材，遂得熟食以果腹，疾病亦隨之減少。先民因
此推舉燧人為一族之首，可見先民對火的重視，而火的運
用亦成為飲食史上的最大發現。

　　先民於早期還未有煮食器具，只能直接燒炙食物，《詩
經》〈瓠葉〉載：「有兔斯首，燔之炮之。」[6]《說文》：「燔，
爇也。」[7]、「爇，燒也」[8]《廣韻》：「燔，炙也。」[9] 均證「燔」
有直接燒烤之意。如〈瓠葉〉所載，先民獵得兔後，或會直
接燔燒而食。從甲骨文的構形當中，可得知殷民有燒炙食
物的習慣，如「炙」甲骨文作 （合集 19747），象魚在火上
燒炙之形，殷民把海鮮燒熟後才食用，減低生病的機會。
殷民懂得以火燒烤，以取得熟食，可知他們已於前人的經
驗當中，獲得不少飲食智慧。春秋時，炙魚仍然流行，如

[4]　同上注。

[5]　黃奭輯，《禮緯》，載《易緯；詩緯；禮緯；樂緯》（上海：上海古
　　　籍出版社，1993），卷二，頁 13。

[6]　程俊英，蔣見元著，《詩經注析》（北京：中華書局，1991），頁
　　　737。

[7]　許慎撰；徐鉉等校，《說文解字》（北京：中華書局，2004），頁
　　　207。

[8]　同上注。

[9]　周祖謨著，《廣韻校本》（北京：中華書局，1960），頁 116。

吳國公子光欲奪王僚之位時，命殺手專諸到太湖學「炙魚之法」，以迎合吳王僚「好嗜魚之炙」[10] 的口味。刺殺時，專諸「置匕首於炙魚之中。」[11] 最後專諸成功刺殺吳王僚，炙魚亦因此聲名大噪。除炙魚外，殷民亦有燒烤牲畜的習慣，如「燹」甲骨文從🔥（合集 12860），象象在火上燒炙之形，《說文》：「象，豕也。」[12] 即「燹」有燒豬之意。至周代，烤豬不但為民所食用，而且成為禮制食品，如《儀禮》〈公食大夫禮〉中便提到「豕炙」[13] 一菜。

殷民透過田獵及畜牧，獲得食用的鳥獸與牲畜，體型較小者，如鳥、魚及豕等，當可整隻燒熟而食，但一些體型較大的動物，如牛、虎、熊及狼等，殷民就算花長時間燒炙，亦不能令牲體完全熟透，因此殷民會先將動物剖解成肉塊，再分別燒烤。《說文》：「剮，分解也。」[14] 甲骨文作🔪（乙 786），左從刀，右作冎，「冎」甲骨文作🦴（粹 1306），《甲骨文字釋林》云：「本象骨架相支撐之形，其左右的小豎

---

[10] 參周生春撰，《吳越春秋輯校彙考》（上海：上海古籍出版社，1997），頁 34。

[11] 參司馬遷撰；裴駰集解，司馬貞索隱，張守節正義，《史記》（北京：中華書局，1959），卷三十一，頁 1463。

[12] 《說文解字》，頁 197。

[13] 參鄭玄注；賈公彥疏；黃侃經文句讀，《儀禮注疏：評點本》（上海：上海古籍出版社，1990），頁 490。

[14] 《說文解字》，頁 86。

划，象骨節轉折處突出形。」[15] 故「刏」有以刀割肉離骨之意。骨肉分離後的肉塊，甲骨文作 ⺼（甲 1823），可直接燒炙而食，如《說文》云：「炙，炮肉也。从肉在火上。」[16] 亦可置於器皿內烹煮（見下文第二部份）。至於剖牲後所剩的骨架，因殷民的刀具不夠鋒利，以致骨肉未能徹底分離，骨架上仍殘留有不少肉屑，殷民需將骨架置於火上燔燒，方可將骨架上的殘肉一併食用，如「炳」甲骨文作 ⺈（合集 18132），從丙在火上，可證殷民會置骨架於火上燒烤。

除骨架外，殷民亦有燒食殘骨的習慣，如「烈」甲骨文作 ⺊（合集 27465），上為 歺，即「歺」字，「歺」甲骨文作 ⺈（林 1.30.5），《說文》：「歺，剡骨之殘也。从半冎」[17] ⺊象殘骨置於火上燔燒之形。又，甲骨文「虐」作 ⺊（合集 29303），上為 ⺈ 象虎首之形，中為「歺」如殘骨，下從火，整體構形就如將老虎的殘骨置火上燔燒。殷民懂得將動物的骨肉分離，分別處理，可見商代時，人們已懂得逐步改善煮食方法。殷民燒骨而食，原意是避免浪費食物，但到了周代，骨食、肉食都成為禮儀的一部份，《禮記》〈曲禮〉云：「凡進食之禮，左殽右胾。」鄭玄註：「殽，骨體也。」賈公彥疏：「熟

---

[15] 于省吾著，《甲骨文字釋林》（北京：中華書局，1979），頁 368。

[16] 《說文解字》，頁 212。

[17] 《說文解字》，頁 85。

肉有骨俎。」[18] 可知殽為帶骨之肉。另外,《儀禮》〈士虞禮〉
提到:「臡四豆」鄭玄註:「臡,切肉也。」[19] 可知臡為肉塊。
於周朝的禮儀當中,骨食、肉食都有特定放置的地方和進
食的次序,這為本來純粹、原始的燒煮方法,增添一層文
化意義。

殷商時,人們雖已有烹調器具,煮食文化亦有所提升,
但從上述所見,他們仍會直接燒炙食材,全因燔燒已成為
一種烹調方法,殷民所追求的是燒烤所帶來的特別味道,
與最初先民燒炙只求熟食的情況已迥然不同。

三、水煮——器煮時代的萌芽

先民懂得以火燒煮,可說是煮食文化的大躍進,但當
農業的興起,先民的飲食習慣隨即產生變化,先民的主食由
起初的肉類轉成穀類,因而促進了煮食方法的改革。以火
燒烤肉類,固不成問題,但要直接燔炙穀類,則較難處理,
即便如《禮記》〈禮運〉所云:「中古未有釜甑,釋米捊肉,
加於燒石之上而食之耳。」[20] 將穀食放於熱石上燒熟,先民

---

[18] 《禮記正義:評點本》,頁 56。
[19] 《儀禮注疏:評點本》,頁 806。
[20] 《禮記正義:評點本》,頁 666。

仍得用上甚多時間，而且成品味道不佳。及後，先民以黏土作陶器，《太平御覽》引《周書》云：「神農耕而作陶。」[21]文中記載神農之時，先民已懂使用陶器，當中炊器佔大多數，《小學識字教本》載：「匋器興初以土作鬲。」[22] 鬲、釜等陶器的發明，不但切合當時人民的飲食趨勢，亦為煮食文化揭開新一頁。

以器具煮食的烹調文化，從傳說神農時代一直流傳至商代，甲骨文中有相類的字符，展示殷民以器皿煮食的習慣。「鑊」甲骨文作🦅（屯 341），上從隹，中從鬲，下從火，另有作🦅（乙 2762），從隹從鼎，兩字均象煮隹於鬲中之形，如商代著名的「鵠鳥之羹」，便是以鳥類為材料。《楚辭補注》王逸云：「言伊尹始仕，因緣烹鵠鳥之羹，修玉鼎，以事于湯。」[23] 伊尹煮天鵝為羹以侍奉商湯，從而勸說商湯取代夏桀，最終商朝取代夏朝，伊尹的「鵠鳥之羹」亦演變成商代的宮廷名菜。據《楚辭補注》所記，於商代「鵠鳥之羹」以前，已出現烹調雀鳥的菜式，王逸云：「彭鏗，彭祖

---

[21] 李昉等撰，《太平御覽》（北京：中華書局，1960），卷八百三十三，頁 693。

[22] 陳獨秀遺著；劉志成整理、校訂，《小學識字教本》（成都：巴蜀書社，1995），頁 197。

[23] 洪興祖補注，《楚辭補注》（香港：中華書局，1963），頁 16。

也。好和滋味，善斟雉羹，能事帝堯，堯美而饗食之。」[24]
文中記載帝堯之時，已有烹煮野鳥的習慣，彭祖更因善於
煮鳥，得到堯帝好評，因而分封予彭城。及至商後的周朝，
雉羹不僅為時人食用，更成為宮中菜式，如《禮記》〈內則〉
中，便有「雉羹」[25]的記載。從以上可見，人民烹鳥作食的
習俗已有一段頗長的歷史。

　　殷民除烹煮雀鳥，亦會烹煮飼養或田獵得來的牲畜，
如「羹」和「盍」甲骨文作 （前 2.37.8）和 （乙 4299），
象羊於鬲或皿中，《說文》：「羹，煮也。」[26] 又，《甲骨文字
集釋》釋「盍」云：「羊在皿中。自有煮義，從鬲則其義尤
顯。」[27] 從「羹」和「盍」的構形已可知殷民有煮羊的習慣。
至周代，羊羹成為禮制中的菜式，《禮記》〈內則〉提到的
「臐」[28]便是羊羹。戰國時，亦有記述羊羹之事，《戰國策注
釋》〈中山策〉述：「中山君饗都士，大夫司馬子期在焉。羊
羹不遍，司馬子期怒而走於楚。」[29] 司馬子期因未有分到羊

---

[24]　同上注，頁 24。

[25]　《禮記正義：評點本》，頁 842。

[26]　《說文解字》，頁 62。

[27]　李孝定編述，《甲骨文字集釋》（南港：中央研究院歷史語言研究
　　　所，1970），頁 851。

[28]　參《禮記正義：評點本》，頁 841。

[29]　《戰國策注釋》（北京：中華書局，1990），頁 1247。

羹，繼而出走楚國，並遊說楚昭王攻伐中山國，最後中山武公因此而亡國。由此可見，羊羹於戰國時已為宮中上品，亦隨中山武公因羊羹而亡國之事而聞名。

細小的牲畜當能整頭烹煮，但如虎、牛等大型動物，就如上文提到，要先剖開細分，再分別處理，所割開的肉塊，可以燒炙，亦能鬲煮。甲骨文「爒」和「鬻」顯示了殷民煮肉的習慣，「爒」甲骨文作𩰫（合集 36968），象肉於鬲中燒煮之形，「鬻」甲骨文作𩱦（合集 38243），象肉、匕置於鼎上，兩字均有煮肉之意，周代《禮記》〈樂記〉有煮肉為羹的記載：「大羹不和。」鄭玄注：「大羹者，煮肉汁也。」[30] 從以上所見，商代時，殷民已廣泛使用器皿烹煮，而且亦用以調製不同食材。鬲、釜等陶器的發明，改善了先民的煮食方法，但以陶器水煮，亦存有其缺點，例如烹煮穀物時，若水分不足，或火力太大，都會令米飯結焦，除難以吞嚥外，亦容易令陶器破損，這促進先民繼續改良炊具，以令及後蒸煮器具得以發明。

---

[30] 《禮記正義：評點本》，頁 1081。

四、氣蒸——烹調的多樣化

《尚書》:「烝民乃粒,萬邦作乂。」[31] 米食曰粒,統治者以民皆米食為治天下的根本,可見古人對米飯的重視,而烹調穀物的方法,亦因粒食的重要而日漸進步。商代時,蒸飯廣為大眾所食,從甲骨文中可得知。「甑」初形為「曾」,甲骨文作㽮(屯 1098),)(象熱氣散出之形,田 則為有孔之甑,見其金文作㽼(易鼎),下加一器承托,蒸煮之意甚明。《甲骨文字典》載:「甗為古代炊器,上部為甑置食物,下部為鬲,置水加熱蒸之。」[32] 火將鬲中之水加熱,蒸氣透過甑底細孔,煮熟甑中食物。蒸穀時,需於甑底加箅,《説文》:「箅,蔽也,所以蔽甑底。」[33] 段注云:「甑者,蒸飯之器,底有七穿,必以竹蓆蔽之,米乃不漏。」[34] 米粒細少,易從甑底之孔漏出,故需加竹箅以防米粒跌下,同時不會妨礙蒸氣上升。食物於甑中單以熱氣蒸煮,溫度平均,火力容易控制,食物不易燒焦,烹具亦更為耐用。甑的出現改善了以鬲煮穀的缺點,亦較易蒸出乾飯,其後先民將甑與鬲

---

[31]　孫星衍撰;陳抗、盛冬鈴點校,《尚書今古文注疏》(北京:中華書局,1986),卷二,頁 94。

[32]　徐中舒主編,《甲骨文字典》(成都:四川辭書,1990),頁 258。

[33]　《説文解字》,頁 96。

[34]　《説文解字注》,頁 194。

改良，將兩者結合成甗，於龍山時代十分流行 [35]。「甗」之初文為「鬳」，甲骨文作 🦴（後 27.15）及 🦴（甲 2457），構形所示，上為甑，下為鬲。鬳之出現，未有取締殷民以甑鬲煮食的習慣，甑、鬲及鬳三者皆為殷民所用，故「鬳」有以複合炊具的組合形態出現，如 🦴（存 1067）和 🦴（京津 2675），甑與鬲之貌仍獨立可見，亦有以單一蒸煮器之形顯示，如 🦴（甲 2805）與 🦴（前 5.3.5），甑鬲已合成一器，不可分拆。甲骨文「爐」字作 🦴（合集 28124），鬳下從火，更能見以鬳蒸煮之貌。

殷民以甑鬲蒸飯，及後從蒸煮穀物延伸到肉類或其他食材。《中國飲食史》載：

> 夏商社會飲食生活中的主食是「粒食」，其他食物相對來說可視為肴饌……肴饌的烹飪熟食法，有的與主食的水煮氣蒸法有共同性。[36]

《禮記》〈內則〉載：「魴鱮烝」鄭玄注：「魴、鱮二魚，烝而食之。」[37] 可見古人已懂蒸魚而食。又，《禮記》〈內

---

[35]　參羅琨、張永山著，《原始社會》（北京：中國青年出版社），1995，頁 223。

[36]　徐海榮主編，《中國飲食史》（北京：華夏出版社，1999），頁 437。

[37]　《禮記正義：評點本》，頁 849。

則〉：「鶉羹、雞羹、駕釀之蓼。」鄭玄注：「駕不為羹，惟烝煮而已，故不曰羹。」[38] 駕即鵪鶉類雀鳥，由此可證古人除煮鳥作羹，亦曾用炊具蒸鳥。於甲骨文中，同樣可見殷民蒸煮之法，如《說文》載：「熹，炙也。」[39] 段注曰：「炙者，抗火炙肉也。」[40] 意即非直接以火燒肉，「熹」字甲骨文作 （合集 18739），象炊具置火上燒煮之形，即為水煮。此外，「熹」亦有氣蒸之用，《殷虛文字記》云：「蓋熹為饎也。」[41]《甲骨文字集釋》：「饎，酒食也……或從米。」[42] 言則「熹」、「饎」及「糦」三字通用，《方言》：「火熟曰爛，氣熟曰糦。」[43] 氣熟即蒸煮之意，而「糦」從米，可證其與黍穀有關，故「氣熟」「黍穀」，可解作蒸穀為飯。由此可知，中炊具，兼水煮及氣蒸之能，亦能烹煮不同材料，就如殷商出土的汽柱甑形器，器中有一氣柱，如氣鍋之形。烹調時，既可將食材放於器中，注水直接受火燒煮，亦可將肉類、穀物放於盂內，蓋上並置於鬲上，在鬲內注水，鬲下生火，便能有蒸煮之效，就如上文提到

---

[38]　同上註。

[39]　《說文解字》，頁 208。

[40]　《說文解字注》，頁 487。

[41]　唐蘭著，《殷虛文字記》（北京：中華書局，1981），頁 69。

[42]　《甲骨文字集釋》，頁 1767。

[43]　錢繹撰集；李發舜，黃建中點校，《方言箋疏》（北京：中華書局，1991），頁 264。

甑與鬲的配合一樣，但這種汽柱甑形器更為方便，因甑只可間接受熱，不可直接受火水煮，而汽柱甑形器則已是蒸煮兩用的炊具。至春秋時，蒸煮法已為時人廣泛使用，如《孟子》〈滕文公下〉載：「陽貨瞰孔子之亡也，而饋孔子蒸豚。」[44] 魯國大夫陽貨聞孔子不在，便送蒸豚予孔子作禮，可見蒸豚在當時人民心中的價值，自此蒸煮法亦一直留存至今。

五、結論

商代甲骨文的構形，記載先民煮食文化的演進脈絡，顯示殷民的煮食方法。先民從生食到熟食，由火炙至器烹，及至從甑、鬲水煮發展到鬵、汽柱甑形器氣蒸，這些均能證明先民煮食方法的改善，而這些方法於商代仍一一保留，以至往後的時代，人們以此為據，再研發出更多烹調方法。先民初時以果腹為要，及後逐漸追求不同味道，更將飲食帶入禮儀的範疇，由此可見飲食文化的逐步發展，以及人們對飲食的更高要求。

---

[44] 楊伯峻譯，《孟子譯注》（香港：中華書局，1984），頁 152。

參考書目

傳統文獻（以下書目均依作者姓氏筆劃排序）：

司馬遷撰；裴駰集解，司馬貞索隱，張守節正義，《史記》，北京：中華書局，1959。

李昉等撰，《太平御覽》，北京：中華書局，1960。

段玉裁注，《說文解字注》，台北：藝文印書館，1976。

洪興祖補注，《楚辭補注》，香港：中華書局，1963。

許慎撰；徐鉉等校，《說文解字》，北京：中華書局，2004。

古文字資料彙編：

中國社會科學院考古研究編輯，《甲骨文編》，香港：中華書局，1978。

古文字詁林編纂委員會編纂，《古文字詁林》，上海：上海世紀出版集團：上海教育出版社，1999-2004。

容庚著；張振林、馬國權摹補，《金文編》，北京：中華書局，1985。

高明撰，《古文字類編》，北京：中華書局，1980。

近人論著：

于省吾著，《甲骨文字釋林》，北京：中華書局，1979。

何建章注釋，《戰國策注釋》，北京：中華書局，1990。

李孝定編述，《甲骨文字集釋》，南港：中央研究院歷史語言研究所，1970。

周生春撰，《吳越春秋輯校彙考》，上海：上海古籍出版社，1997。

周祖謨著，《廣韻校本》，北京：中華書局，1960。

唐蘭著，《殷虛文字記》，北京：中華書局，1981。

孫星衍撰；陳抗、盛冬鈴點校，《尚書今古文注疏》，北京：中華書局，

1986。

徐中舒主編，《甲骨文字典》，成都：四川辭書出版社，1990。

徐海榮主編，《中國飲食史》，北京：華夏出版社，1999。

郭象注；陸德明釋文；郭慶藩集釋，《莊子集釋》，台北：世界書局，
1982。

陳奇猷校注，《韓非子集釋》，北京：中華書局，1958。

陳獨秀遺著；劉志成整理、校訂，《小學識字教本》，成都：巴蜀書社，
1995。

程俊英，蔣見元著，《詩經注析》，北京：中華書局，1991。

黃奭輯，《易緯；詩緯；禮緯；樂緯》，上海：上海古籍出版社，
1993。

楊伯峻譯，《孟子譯注》，香港：中華書局，1984。

董蓮池著，《說文解字考正》，北京：作家出版社，2004。

劉興隆著，《新編甲骨文字典》，北京：國際文化出版公司，1993。

鄭玄注；孔穎達疏；龔抗雲整理；王文錦審定，《禮記正義：評點本》，
北京：北京大學出版社，1999。

鄭玄注；賈公彥疏；彭林整理；王文錦審定，《禮記注疏：評點本》，
北京：北京大學出版社，1999。

鄭玄注；賈公彥疏；黃侃經文句讀，《儀禮注疏：評點本》，上海：上
海古籍出版社，1990。

錢繹撰集；李發舜，黃建中點校，《方言箋疏》，北京：中華書局，
1991。

羅琨、張永山著，《原始社會》，北京：中國青年出版社，1995。

單篇論文：

申憲，〈商周貴族飲食活動中的觀念形態與飲食禮制〉，《中原文物》，
2000 年 2 期，頁 33-36。

姚偉鈞,〈商周飲食方式論略〉,《浙江學刊》,1999 年 3 期 ,頁 148-151。

徐巖,〈淺論商代的飲食〉,《河南工程學院學報》,2009 年 1 期,頁 87-89。

舒懷,〈從龜甲獸骨看田獵在商代的經濟地位〉,《湖北大學學報》,2000 年 6 期,頁 63-68。

學位論文：

肖文輝,〈《説文解字》飲食詞研究〉,西南大學碩士學位論文,2007。

周粟,〈周代飲食文化研究〉,吉林大學博士學位論文,2007。

施楊,〈中古漢語飲食詞語研究〉,長春理工大學碩士學位論文,2004。

高曉燕,〈由《説文》初探中國古代飲食文化〉,鄭州大學碩士學位論文,2007。

從飲食詩看蘇軾的貶謫生活

一、引言

蘇軾（1037-1101）學識淵博，詩題廣泛，無論歷史人物、哲理問題，以至閒居逸事皆可入詩，當中反映現實生活的題材，更是多不勝數。錢穆（1895-1990）曾云：「蘇東坡詩之偉大，因他一輩子沒有在政治上得意過。他一生奔走潦倒，波瀾曲折都在詩裏見。」[1] 錢氏所言正好道出東坡詩與其仕途的關係。蘇軾有不少與飲食、烹飪相關的詩作，當中的飲食元素，跟隨蘇軾仕途的高低起落而不斷改變，飲食與仕途於蘇軾的生活中，隱含著密切的關係。蘇軾的詩作、飲食與仕途相互牽連，透過釐清這三者的關係，就能理解蘇軾怎樣通過飲食，抒解由貶謫所帶來的鬱結，適應崎嶇跌宕的生活。本文會先以〈和蔣夔寄茶〉與〈聞子由

---

[1] 錢穆著，《中國文學論叢》，卷九，〈詩談〉，頁 116。

瘦〉為例，闡述蘇軾仕途與飲食的密切關係。第二部份會嘗試以弗洛依德（Sigismund Schlomo Freud）（1856-1939）的心理學，分析蘇軾如何通過飲食，排解仕途坎坷所帶來的負面情緒。最後，以蘇軾〈聞子由瘦〉與〈和陶西田穫早稻〉等三首後期的詩作，鋪展蘇軾逐步接受海南生活的過程，從而了解蘇軾心理上的轉變。

二、從「金虀膾」到「燒蝙蝠」——仕途起伏的反映

要從飲食詩當中，看蘇軾如何適應貶謫生活，首先需清楚明白飲食與其仕途、生活的關係，本節嘗試以〈和蔣夔寄茶〉與〈聞子由瘦〉為例，分別描述蘇軾兩段不同的生活，以證其飲食與仕途、生活的密切關係。

蘇軾被貶黃州（1080）以前，仕途尚算平穩，他於被貶前的十九年（1061-1079）官場生涯當中，從最初八品的「大理評事、鳳翔府簽判」擢升至六品的「湖州知州」。蘇軾雖於宋熙寧四年（1071），因政敵彈劾而自求外任，但仍然是官拜七品，不愁衣食。四年後，即宋熙寧八年（1075），蘇軾為密州知州，位居六品。從蘇軾同年的詩作〈和蔣夔寄茶〉（1075）當中，可了解蘇軾的官場生活及其飲食習慣，詩中提到：「扁舟渡江適吳越，三年飲食窮芳鮮。金虀玉膾

飯炊雪，海螯江柱初脫泉。」[2] 蘇軾出仕密州 [3]，離臨海吳越不遠，蘇軾曾往當地遊歷，品嚐各種剛捕獲的海產。〈和蔣夔寄茶〉中提到的「金虀玉膾」是以河鮮烹煮，以吳越一帶的最為著名，《雲仙雜記》載：「吳郡獻松江鱸魚，煬帝曰：『所謂金虀玉膾，東南佳味也。』」[4]，可見「金虀玉膾」自隋朝已開始成為名菜。

蘇軾除喜歡食用海鮮外，對飲茶亦十分講究，〈和蔣夔寄茶〉中提到：「沙溪、北苑強分別，水腳一線爭誰先。清詩兩幅寄千里，紫金百餅費萬錢。」[5] 蘇軾要嚴格分開「沙溪」與「北苑」的茶葉，因為兩者的質素差距甚大，如《北苑別錄》所記：「今茶自北苑上者，獨冠天下，非人間所可得也。」[6] 北苑茶葉為當時的貢茶，為茶中上品 [7]。相反，沙

---

[2] 王文誥輯注；孔凡禮點校，《蘇軾詩集》，卷十三，頁 654。

[3] 密州，即現時山東諸城。

[4] 見《雲仙雜記》，卷十，刊於馮贄編；張力偉點校，《雲仙散錄》，頁 150。

[5] 王文誥輯注；孔凡禮點校，《蘇軾詩集》，卷十三，頁 655。

[6] 見趙汝礪撰，《北苑別錄》，頁 1，刊於梁詩正、蔣溥等撰，《錢錄（外十五種）》，頁 647。

[7] 《北苑別錄》載：「有山曰鳳凰，其下直北苑，帝聯諸焙。厥土赤壤，厥茶惟上。太平興國中，初為禦焙，歲模龍鳳，以羞貢篚，蓋表珍異。慶曆中，漕台益重其事，品數日增，制模目精。」。見趙汝礪撰，《北苑別錄》，頁 1，刊於梁詩正、蔣溥等撰，《錢錄（外十五種）》，頁 647。

溪茶葉則較劣質，如《品茶要錄》提到，有奸狡的種茶人，以沙溪茶葉混雜上等的壑源茶葉，以製茶餅出售，欲謀取更多利潤[8]，從質地、香味及色澤的不同，就能分辨兩者的優劣[9]。茶葉分類以後，蘇軾仍需親自沖泡，測試茶葉的優劣，就如《茶錄》所載的試茶做法：「建安鬥試，以水痕先者為負，耐久者為勝，故較勝負之說曰，相去一水兩水。」[10]蘇軾以杯中茶痕流瀉的快慢，以定茶葉好壞，可見他挑選茶葉的嚴格。此等上好茶葉與紫金作成的盛茶器皿，動輒都要費上萬多錢。從以上兩處可知，蘇軾單是品嚐海鮮、細嚼茗茶，均需花費不少，這種奢侈且講究的飲膳方式，對當時身置官場、位處知州的蘇軾來說，仍然是應付自如。

　　從蘇軾富足時的生活，可知其飲食與仕途的關係，於

---

[8]　《品茶要錄》載：「豈水絡地脈，偏鐘粹於壑源抑禦焙占此大岡巍隴，神物伏護，得其餘蔭耶？何其甘芳精至而獨擅天下也。觀乎春雷一驚，筍籠才起，售者已擔簦挈囊於其門，或先期而散留金錢，或茶才入笪而爭酬所直，故壑源之茶常不足客所求。其有桀狯之園民，陰取沙溪茶黃，雜就卷而制之，人徒趣其名，睨其規模之相若，不能原其實者，蓋有之矣。」。見趙汝礪撰，《北苑別錄》，頁 5-6，刊於梁詩正、蔣溥等撰，《錢錄（外十五種）》，頁 633-634。

[9]　《品茶要錄》載：「凡肉理怯薄，體輕而色黃，試時雖鮮白不能久泛，香薄而味短者，沙溪之品也。凡肉理實厚，體堅而色紫，試時泛盞凝久，香滑而味長者，壑源之品也。」見黃儒撰，《品茶要錄》，頁 5-6，刊於梁詩正、蔣溥等撰，《錢錄（外十五種）》，頁 633-634。

[10]　見蔡襄撰，《茶錄》，刊於《茶錄（及其他五種）》，頁 3。

蘇軾潦倒的時候，其生活與飲食的關連更為密切。蘇軾被貶海南時，曾於詩引當中講述其拮据的生活，〈和陶連雨獨飲二首〉（1097）的詩引提到：「吾謫海南，盡賣酒器，以供衣食。」[11] 當時蘇軾為九品的瓊州別駕[12]，俸祿只有三千五百石，相對蘇軾四年前（1093）位居禮部尚書時的俸祿[13]，可說是相距甚遠。從俸祿的大幅減少可知，蘇軾為何要以典當家產度日。蘇軾被貶時，財政困難，固然會影響其飲食習慣，加上謫地荒蕪偏遠，食物的選擇更加有限，如〈和陶勸農六首〉（1097）的詩引記載：「海南多荒田，俗以貿香為業。所產秔稌，不足於食。乃以藷芋雜米作粥糜以取飽。」[14] 米糧產量不足，蘇軾唯有就地取材，以藷芋充飢，於〈聞子由瘦〉（1097）中，蘇軾便道出了當時的糧食來源，詩中提到：「五日一見花豬肉，十日一遇黃雞粥。土人頓頓食藷芋，薦以薰鼠燒蝙蝠。舊聞蜜唧嘗嘔吐，稍近蝦蟆緣習俗。」[15] 蘇軾相隔數日才能飽餐肉食，花豬、黃雞這些普

---

[11] 王文誥輯注；孔凡禮點校，《蘇軾詩集》，卷四十一，頁 2252。

[12] 蘇軾當時為九品的瓊州別駕，從職位推斷，俸祿應有七千，但因蘇軾是被貶當地，故俸祿需減半，故應只有三千五百石。

[13] 蘇軾當時為禮部尚書，從職位推斷，蘇軾當時的俸祿應為五十五千至六十千。

[14] 王文誥輯注；孔凡禮點校，《蘇軾詩集》，卷四十一，頁 2255。

[15] 王文誥輯注；孔凡禮點校，《蘇軾詩集》，卷四十一，頁 2257-2258。

通食材，亦頓時變得珍貴，諸芋成為蘇軾的日常糧食。甚至因謫地的資源貧乏，就連老鼠、蝙蝠與蝦蟆等食材均需入饌，當地人以蜜糖餵飼雛鼠，希望令其容易入口，以擴大食物的來源。從上述謫地的生活可知，蘇軾仕途上的失意，直接影響俸祿與生活環境，間接令飲食的習慣亦起了巨大轉變。

從蘇軾兩段迥異的生活，可見無論他處於順境或逆境，仕途與其飲食都有密不可分的關係。由此，便能明白蘇軾為何選擇以飲食排解不安，甚至可再進一步推論，他如何從飲食詩當中，隱含接受貶謫生活的道理。

三、釀酒、煮羹、煎茶——焦慮情緒的排解

蘇軾一生經歷兩次貶謫，期間遭受到不少衝擊和挫折，當身處逆境，蘇軾每每都能從容面對，這種豁達的情操與和處事的態度，並非一朝一夕所能形成。以下會先略述蘇軾兩次被貶的因由，嘗試以弗洛依德的心理學，分析蘇軾如何排解內心的愁鬱。

蘇軾人生中的兩次貶謫，都對他帶來不同程度的打擊。第一次貶謫於宋元豐二年（1079），他因嘲諷朝中「新進」李定及舒亶等人，而被冠以「蔑視朝廷」以及「不忠於君」之

名，最後蘇軾被逮捕入獄，幸而最後能大難不死，但官位從六品的湖州知州，責授予八品的檢校尚書水部員外郎，兼黃州團練副使，這個官位專為貶謫官員而設，加上在任期間，蘇軾不得簽書公事，故其官職實際是有名無實。宋紹聖元年（1094）開始，蘇軾面臨第二次貶謫，當時以宰相章惇為首的奸黨日漸坐大，朝中的儒臣大都被迫害，蘇軾亦不能倖免，先由六品的定州知州，貶至知英州軍州事，於出任途中，其謫令遭兩次更改——首次責授為建昌軍司馬，第二次貶作寧遠軍節度副使。於宋紹聖四年（1097），蘇軾更被貶至儋州 [16]，任九品的瓊州別駕。這次貶謫與第一次相比，所貶之處更遠，責授的職位史仉，加上當地悶熱潮濕、資源缺乏，令人難以適應。遙遠的路程與偏遠的謫地，對當時六十一歲的蘇軾而言，實在是艱巨的考驗，蘇軾於〈與王敏仲十八首〉中亦提到：「某垂老投荒，無復生還之望，昨與長子邁絕，已處置後事矣。今到海南，首當作棺，次便作墓，乃留手疏與諸子，死則葬於海外。」[17] 蘇軾預計自己此行將一去不返，故臨行前已為自己安排後事。

　　兩次貶謫，令躊躇滿志的蘇軾不為世用，他一心報

[16]　儋州，即今海南。

[17]　孔凡禮點校，《蘇軾文集》，卷五十六，〈與王敏仲十八首〉之十六，頁 1695。

效國家，卻被流放於外，甚至淪落為階下囚。於心理上，蘇軾的自尊受到嚴重打擊，潛藏內心的願望亦無法實現。蘇軾從失意所引發的內心感受，弗洛依德於精神分析心理學（Psychoanalysis）中提到「當個人願望與外在現實無法配合時，造成了內在的緊張和焦慮（anxiety）」[18] 弗洛依德指出，當焦慮形成，自我（ego）會啟動防衛機制（defense mechanism），用以解除所受的壓力與不快，當中提到的防衛機制有不同種類 [19]，而蘇軾所啟動的是昇華（sublimation）——一種較為成熟（mature）的防衛機制 [20]，因為昇華「能用被社會接受的方式，表達內在的渴望，同時也使社會受益。」[21]。現實中，蘇軾報效國家的願望未能達成，為排解心中的焦慮，他將精力轉移到為世所容，而自己亦感興趣的飲食與烹飪當中。蘇軾於「烏台詩案」後被貶黃州，剛抵達便賦了〈初到黃州〉（1080），詩中提到：「自笑平生為口忙，老來事業轉荒唐。長江繞郭知魚美，好竹連山覺筍香。

---

[18]　林玉華、樊雪梅譯，《當代精神分析導論理論與實踐》，頁 84。

[19]　防衛機制有不同種類，例如：理想化（idealization）、投射（projection）及否認（denial）等。

[20]　《當代精神分析導論理論與實踐》載：「弗洛依德認為昇華和幽默是成熟的防衛機制。」見林玉華、樊雪梅譯，《當代精神分析導論理論與實踐》，頁 102。

[21]　林玉華、樊雪梅譯，《當代精神分析導論理論與實踐》，頁 102。

逐客不妨員外置，詩人例作水曹郎。只慚無補絲毫事，尚費官家壓酒囊。」[22] 詩中所說的「為口忙」，可解作因口出之言而導致奔波勞累，但亦可看成蘇軾為了口腹之慾而得一直工作。於〈四月十一日初食荔支〉(1095) 中，蘇軾同樣提到：「我生涉世本為口」[23] 可見飲食對他而言是處於相當高的地位。於自嘲過後，蘇軾面對事業與人生的第一個低潮，以「荒唐」來形容自己被貶的遭遇。其後，詩中的焦點一轉，從感嘆自身仕途的遭遇，轉至描寫黃州豐裕的食材——「魚」與「筍」。詩中的內容轉換，可視作詩人內心思想轉移的一種投射。現實中，蘇軾遭到極大的挫敗，加上身居閒職，自覺不能為國家做「絲毫事」，他本想投於政事的精力無處渲洩，只好將動力轉移到飲食當中，嘗試以烹飪來排遣心中的鬱悶與不安，如蘇軾於〈煮魚法〉中載：「子瞻在黃州，好自煮魚。」[24] 當中的內文就如食譜般詳述了煮魚的

◎ 從飲食詩看蘇軾的貶謫生活

---

[22] 王文誥輯注；孔凡禮點校，《蘇軾詩集》，卷二十，1031-1032。

[23] 王文誥輯注；孔凡禮點校，《蘇軾詩集》，卷三十九，2121-2122。

[24] 孔凡禮點校，《蘇軾文集》，卷七十三，頁 2371-2372。

方法 [25]。

　　蘇軾有不少詩作，流露出其熱衷飲食的情懷，例如詩作〈新釀桂酒〉與〈真一酒〉同樣是以釀酒為題，散文〈桂酒頌〉與〈真一酒法──寄建安徐得之〉，則如老饕般表現出躍躍欲試的情態 [26]。又如詩作〈狄韶州煮蔓菁蘆菔羹〉，記述蘇軾烹調「東坡羹」的逸事，而散文〈東坡羹頌〉則詳細列明製作「東坡羹」的程序 [27]。其餘的例如〈汲江煎茶〉說明煮茶的技巧與水質的講究 [28]，〈豬肉頌〉精簡地講解煮

[25]　〈煮魚法〉載：「其法，以鮮鯽魚或鯉治斫冷水下入鹽如常法，以菘菜心芼之，仍入渾蔥白數莖，不得攪。半熟，入生薑蘿蔔汁及酒各少許，三物相等，調勻乃下。臨熟，入橘皮線，乃食之。其珍食者自知，不盡談也。」見孔凡禮點校，《蘇軾文集》，卷七十三，〈煮魚法〉，頁 2371-2372。

[26]　〈桂酒頌〉載：「吾謫居海上，法當數飲酒以禦瘴。而嶺南無酒禁，有隱者以桂酒方授吾，釀成而玉色，香味超然，非人間物也。」見孔凡禮點校，《蘇軾文集》，卷二十，〈桂酒頌〉，頁 593-594。〈真一酒法──寄建安徐得之〉載：「嶺南不禁酒，近得一釀法，乃是神授，只用白麵、糯米、清水三物，謂之真一法酒。釀之成玉色，有自然香味，絕似王太駙馬家碧玉香也。奇絕！奇絕！」孔凡禮點校，《蘇軾文集》，第七十三卷，〈真一酒法──寄建安徐得之〉，頁 2371-2372。

[27]　孔凡禮點校，《蘇軾文集》，卷二十，〈東坡羹頌〉，頁 595。

[28]　王文誥輯注；孔凡禮點校，《蘇軾詩集》，卷四十三，頁 2362。

「東坡肉」應該注意的要點[29]。上述不同文類的作品，均與飲食相關，而當中的四首詩，均出於蘇軾被貶的時候[30]。由此可見，蘇軾對烹調與飲食均十分雀躍，而且頗有研究，蘇軾亦藉此抒發被貶時內心的焦慮與不安。

四、「無正味」中的「玉糝羹」──貶謫生活的接受

宋紹聖四年（1097），蘇軾被貶為瓊州別駕，於昌化軍[31]安置，從此踏上流放域外之途。孤島的艱難生活，加上與親人分隔的相思之苦，令蘇軾的身心面臨重大考驗。蘇軾雖身處絕境，卻未言氣餒，反而悟山人生道理，從其飲食詩作當中，就能找到他看破世俗的線索。

貶謫儋州，蘇軾需遠赴荒蕪僻陋的南海孤島，對年屆

---

[29] 〈豬肉頌〉載：「淨洗鍋，少著水，柴頭罨煙焰不起。待他自熟莫催他，火候足時他自美。黃州好豬肉，價賤如泥土。貴者不肯喫，貧者不解煮。早晨起來打兩椀，飽得自家君莫管。」。見孔凡禮點校，《蘇軾文集》，卷二十，〈豬肉頌〉，頁597。

[30] 〈新釀桂酒〉作於宋紹聖元年（1094），蘇軾任寧遠軍節度副使（從八品），惠州安置，不得簽書公事；〈真一酒〉作於宋紹聖二年（1095），蘇軾任寧遠軍節度副使（從八品），惠州安置，不得簽書公事；〈汲江煎茶〉作於宋元符三年（1100），蘇軾責授瓊州別駕（正九品），昌化軍安置，不得簽書公事；〈狄韶州煮蔓菁蘆菔羹〉作於宋元符三年（1100），蘇軾任舒州團練副使（從八品），永州安置。

[31] 昌化軍即儋州，今海南島。

六十的蘇軾而言，漫長的路程，已為身體帶來極大負擔。到達以後，儋州的生活環境比預期差，他於〈與程秀才三首〉中提到：「此間食無肉，病無藥，居無室，出無友，冬無炭，夏無寒泉，然亦未易悉數，大率皆無耳。」[32] 又，〈書海南風土〉：「嶺南天氣卑濕，地氣蒸溽，而海南為甚。夏秋之久，物不腐壞者。人非金石，其何能久？」[33] 資源貧乏，加上天氣悶熱，令蘇軾的生活變得更加艱苦，身體亦得承受前所未有的壓力。心靈上，蘇軾雖已把生離當作死別，但其內心終歸有想念家人的時候，如〈到昌化軍謝表〉記：「臣孤老無托，瘴癘交攻。子孫慟哭於江邊，已為死別。魑魅逢迎於海外，寧許生還。」[34] 蘇軾與家人別於江邊之境，仍歷歷在目，當中隱隱流露出不捨之情，但蘇軾預計自己於有生之年，亦無法與家人再聚，生而不能見，內心難免折騰傷心。

　　蘇軾被貶海南，身心都受盡煎熬，他雖處於人生低谷，卻沒有怨天尤人。經過絕處的徹底洗練，令蘇軾領悟出立身處世的道理，他的飲食詩，亦滲入哲理元素，如〈聞子由

---

[32]　孔凡禮點校，《蘇軾文集》，卷五十五，〈與程秀才三首〉之一，頁 1627-1628。

[33]　孔凡禮點校，《蘇軾文集》，卷七十一，〈書海南風土〉，頁 2275。

[34]　蘇軾撰；郎華選註；龐石帚校訂，《經進東坡文集事略》，卷二十六，頁 445。

瘦〉云：「人言天下無正味，蝍蛆未遽賢麋鹿。」[35] 蘇軾將莊子（約前 369－前 286）〈齊物論〉的內容融入詩中 [36]，認為人世間根本無所謂真正的滋味，蜈蚣害怕的味道，反而麋鹿會喜歡，說明好惡並無一定標準。蘇軾先從飲食出發，寫自己被貶海南的苦況，從而融合領悟到的道理，道出自己心中所想。

　　蘇軾遠渡海南，起初亦抱著悲觀的態度，認為自己命途坎坷，但及後他明白到，生活就如飲食一樣，每個人都有不同的詮釋方法，是苦是甜，屬得屬失，均在於個人看法。蘇軾逐漸調整自己的心理狀態，亦開始接受海南的生活，從〈和陶西田穫早稻〉便可清晰了解，詩云：「早韭欲爭春，晚菘先破寒。人間無正味，美好出艱難。」[37] 海南人不喜務農，荒田甚多，正好讓蘇軾運用於黃州所習得的耕作功夫。當作物漸長，蘇軾便作詩以記 [38]，詩中引用了《南齊書》中

---

[35] 王文誥輯注；孔凡禮點校，《蘇軾詩集》，卷四十一，頁 2258。

[36] 〈齊物論〉載：「民食芻豢，麋鹿食薦，蝍且甘帶，鴟鴉耆鼠，四者孰知正味？」見沈德鴻選註，《莊子》，〈齊物論〉，頁 21。

[37] 王文誥輯注；孔凡禮點校，《蘇軾詩集》，卷四十二，頁 2315。

[38] 〈和陶西田穫早稻〉詩引載：「小圃栽植漸成，取淵明詩有及草木蔬穀者五篇，次其韻。」見王文誥輯注；孔凡禮點校，《蘇軾詩集》，卷四十二，頁 2315。

〈周顒傳〉的「春初早韭，秋末晚菘。」[39] 藉以帶出「早韭」、「晚菘」皆為滋味的前提，接著蘇軾即下筆推翻，再次引用「無正味」的哲理。這次蘇軾不單引用了莊子的哲學，更言明「美好」出於「艱難」的個人主張。蘇軾此言帶有兩個意思，表面上他回答了飲食的問題，說明美食是源於辛勤的耕作，但內裏則說明了自身克服逆境的體會，闡述貶謫海南的生活雖然艱辛，卻令他得以沉澱反思，重新整頓身心的步伐。

蘇軾於飲食詩中，隱含自身的處世主張，逐步從哲理當中，尋找適合自己的位置，於〈過子忽出新意，以山芋作玉糝羹，色香味皆奇絕。天上酥陀則不可知，人間決無此味也〉(1098)（以下簡稱〈過子忽出新意〉）中，蘇軾透過食物的對比，道出自己對今昔生活的評價，詩云：「香似龍涎仍釅白，味如牛乳更全清。莫將南海金虀膾，輕比東坡玉糝羹。」[40] 詩題明確道出作詩的因由，蘇軾兒子蘇過 (1072-1123) 以山芋作羹，味美至極，蘇軾遂賦詩以記。蘇軾從嗅

---

[39] 〈周顒傳〉載：「清貧寡欲，終日長蔬菜，雖有妻子，獨處山舍。衛將軍王儉謂顒曰：『卿山中何所食？』顒曰：『赤米白鹽，綠葵紫蓼。』文惠太子問：『菜食何味最勝？』曰：『春初早韭，秋末晚菘。』」見蕭子顯撰，《南齊書》，卷四十一，〈周顒傳〉，頁 732。

[40] 王文誥輯注；孔凡禮點校，《蘇軾詩集》，卷四十二，頁 2316-2317。

覺、味覺入手，具體描述了山芋羹為何物，先以味道濃郁的上等龍涎，比擬山芋羹的香氣，再以純正的牛乳說明其味道。接著，蘇軾以著名的金虀玉膾作映襯，以突出山芋羹的滋味。蘇軾以兩道菜式作比對，表面上是從飲食角度，分析兩者味道上的高低，但其實內裏隱含蘇軾對今、昔生活的比較。詩中提到的「金虀玉膾」，於蘇軾的作品當中出現過兩次。第一次是於〈和蔣夔寄茶〉（1075），當時蘇軾任職知州，過著富裕的官場生活，衣食無憂。第二次則於〈過子忽出新意〉時，蘇軾雖記述同樣的菜式，但其生活已截然不同，當時蘇軾身處偏荒的海南，任職散官，遠離權力核心，生活各個方面均需憂慮。相同的食物，於不同的處境與時空，展示出蘇軾仕途與生活上的明顯改變。蘇軾的生活與飲食不可分割，飲食同時亦作為其人生階段的一種反映。〈和蔣夔寄茶〉提到的「金虀玉膾」，以吳越一帶的鱸魚烹調，見於蘇軾意氣風發之時，正好象徵其官場生活。反之，〈過子忽出新意〉中的「山芋羹」，以海南的主要食糧山芋所製，創於蘇軾艱苦困頓之際，象徵其流放於外的處境。蘇軾於〈過子忽出新意〉中明確指出，海南山芋的「玉糝羹」更勝南海鱸魚的「金虀膾」，這不單是味道上的比較，更是蘇軾內心對今、昔生活的選擇。蘇軾一心為國效力，本應選擇接近京畿的南海，以便一展抱負，但最終蘇軾寧願放

棄官職權位，遠離政敵，選擇地處偏遠、生活艱苦的海南，為求隨心所欲、率性而為，由此可見其心態上的轉變。

從上述的三首詩，可清楚看到蘇軾心理上的變化，從較早的〈聞子由瘦〉，蘇軾雖明白到好惡不一的道理，卻並未有任何表態。及後，於〈和陶西田穫早稻〉，蘇軾引用了相同的道理，隨即道出了「美好出艱難」的體會，接受了艱苦的海南生活。最後，蘇軾於〈過子忽出新意〉中，以「玉糝羹」與「金虀膾」作比較，闡述了今、昔生活的取捨，進一步表達了喜愛海南的感情，從而找到更適合自己生活。

五、結論

蘇軾的飲食詩，不但展示出他對飲食的愛好，同樣反映其仕途的跌宕、生活的變遷，以及思想的轉變，這些種種相互緊扣、彼此牽連，構成東坡人生的重要部份。透過心理學的分析，能夠清楚明白蘇軾如何藉由飲食與烹飪，排解心中的鬱悶與不安。通過〈聞子由瘦〉、〈和陶西田穫早稻〉等不同時代詩作的比對，能理解蘇軾面對貶謫生活時的心路歷程。從以上不同角度的分析，可對蘇軾的豁達情操有更深一層的理解。

參考書目

傳統文獻：

沈德鴻選註，《莊子》，上海：商務印書館，1932。

梁廷楠著；湯開建、陳文源點校，《東坡事類》，廣州：南大學出版社，1992。

梁詩正、蔣溥等撰，《錢錄（外十五種）》，上海：上海古籍出版社，1991。

馮贄編；張力偉點校，《雲仙散錄》，北京：中華書局，1998。

蔡襄，《茶錄（及其他五種）》，台北：商務印書館，1965。

蕭子顯，《南齊書》，北京：中華書局，1972。

蘇軾撰；孔凡禮點校，《蘇軾文集》，北京：中華書局，1986。

蘇軾撰；工文誥輯注；孔凡禮點校，《蘇軾詩集》，北京：中華書局，1982。

蘇軾撰；王松齡點校，《東坡志林》，北京：中華書局，1981。

蘇軾撰；郎華選註；龐石帚校訂，《經進東坡文集事略》，香港：中華書局，1979。

專書

林玉華、樊雪梅譯，《當代精神分析導論理論與實踐》，台北：五南圖書出版股份有限公司，1997。

錢穆，《中國文學論叢》，台北：東大圖書有限公司，1983。

龔延明：《宋代官制辭典》，北京：中華書局，1997。

◎ 從飲食詩看蘇軾的貶謫生活

第二輯

戰後香港的飲食文化

攝飲寫食：也斯戰後香港飲食文化觀察

一、引言

從古至今，飲食均具備顯要的象徵意義，如同個人簡歷，可從中窺探不同人的地位和身分。飲食又如方志，可用以辨識在地的風俗、歷史與文化。香港受到粵地的口味影響，亦經過殖民時期，吸收西餐的養分，發展出具特色的菜式與食俗。飲食文化複雜細膩，不斷變遷，累積成寶貴資料，隱藏於街頭巷尾。香港作家也斯（原名梁秉鈞，1949-2013），身兼香港與飲食文化的研究學者，他運用文字與攝影，記錄看似平凡的場景和時刻，寄託對地方飲食文化的前溯與後續，點出種種現象與問題。也斯的攝影文集《也斯的香港》與《也斯看香港》，以文字和影像細說香港文化，詳談戰後飲食文化的發展基礎。

二、粵菜的匯流：廣州菜、潮州菜與客家菜

也斯於 2005 年輯錄成攝影文集《也斯的香港》，介紹香港本土豐富多彩的人事和文化，當中〈嗜同嚐異——從食物看香港文化〉一文，集中講述香港的飲食文化與歷史，行文間加插也斯拍攝的食店照片，組成文影相配合的滋味漫遊。文中也斯提到的食肆可分三類，分別代表香港三方面的飲食文化：源於中國、外國流入、本土轉化。也斯拍攝的中式食肆中，三家分別指向廣州菜、潮州菜與客家菜，三種菜式正是構成粵菜的成分，可見也斯對粵菜的了解，同時能反映粵菜於香港的重要地位。中環的「蓮香樓」屬廣州菜，也斯的拍攝捕捉其正面：[1]

[1]　也斯著；也斯攝影，《也斯的香港》（香港：三聯書店，2005），頁159。

「蓮香樓」是香港著名的舊式茶樓，已有多年歷史，其源頭來自廣州，學者吳昊（1947-2013）提到：

> 最初的時候是食在廣州，香港仍未是美食天堂，她只是跟在廣州尾後，廣州有甚麼出名的酒樓茶室，老闆們跟著就在香港開分店了。那些著名的廣州食肆名字，如蓮香、大同、襟江、陶陶居……全都在上世紀初移師香港，亦深受港人歡迎。[2]

最初香港的飲食文化尚未蓬勃，不少食肆是從外地遷移過來，這些源自廣州的分店，無形中為香港帶來當地的飲食文化。多年以來，香港人對廣東飲茶的興趣不減，不過食物、菜式不免隨時代轉變，也斯寫到：

> 點心的發展也逐漸離開了原來廣東的規範，加進了受外國影響的食物如芒果布甸、蛋撻、加進本地價廉美味的鳳爪、魚雲、東南亞甜點喳喳等。[3]

傳統的飲茶文化流傳到香港，並非一成不變，而是迎合本地的飲食趨勢，包容不同地方的菜式，逐漸形成富香港特色的茶樓食肆。

---

[2] 吳昊，《飲食香江》（香港：南華早報，2001），頁 14。

[3] 也斯著；也斯攝影，《也斯的香港》，頁 158。

潮州菜是香港傳統的中菜，也斯對潮州食肆的拍攝，
畫面充斥種類不一的食物：

以滷水烹製是潮州食物中常見的處理手法，菜牌明顯
寫上「正宗潮州滷味」作招徠，[4] 產於潮汕地區的「澄海獅
頭鵝」是著名的潮州菜式，還有其他食用的部位與食材。
也斯談香港飲食文化時提到：「傳統的潮州菜在香港上環舊
區發展，後來變成散佈各街市附近一般人宵夜的『打冷』夜
攤。」[5] 現時香港的潮州菜相當盛行，但回顧潮州菜初到香

---

[4]　也斯著；也斯攝影，《也斯的香港》，頁 159。

[5]　梁秉鈞，〈香港飲食與文化身分研究〉，輯於焦桐主編，《味覺的土
　　　風舞：「飲食文學與文化國際學術研討會」論文集》（台北：二魚文化
　　　事業有限公司，2009），頁 235。

港的時候，情況卻完全不同。上世紀 40 年代，不少潮州人為創業、打工來到香港，繼而落地生根。人口遷移意味著飲食文化的流動，潮州菜於香港的形成，最先只為安慰身處異地的潮州人，許永強於《潮州菜大全》談到：

> 潮州菜在香港的起步，最早是在 20 世紀 40 年代……那時候潮州菜雖已出現，但尚未為香港人所廣泛接受，規模仍然很小，大體為一些潮州牛肉丸、沙茶粿條之類街頭小食，主要供應在香港打工的潮人。[6]

跨地域的潮州人引入當地的口味、菜式與烹飪方法，直接增加香港對潮州菜的需求，潮式食肆因此應運而生，之後隨著居港潮州人的增多，加上香港人對潮州菜的接受，逐漸使潮州菜融入香港的飲食文化。

香港的客家菜與潮州菜一樣跟遷移有關，客家人本身是經常流徙的族群，學者羅香林（1906 - 1978）於〈客家源流考〉提到：「客家先民原自中原遷居南方，遷居南方後，又嘗再度遷移，總計大遷移五次，其他零星的遷入或自各地以服官或經商而遷至的，那就不能悉計。」[7]1949 年國共

---

[6] 許永強，《潮州菜大全》（汕頭市：汕頭大學出版社，2001），頁 37。

[7] 羅香林，〈客家源流考〉，載張衛東、王洪友主編，《客家研究》（上海：同濟大學，1989），頁 16。

內戰以後，不少客家人來到香港，團居於當時石硤尾的木屋區，當中有從事飲食業的移民，於居住的地方開設小型的客家食店，為同鄉提供故地的菜式。及後，客家飯店逐漸增多，到 60 至 70 年代，客家菜於香港已十分流行，學者張展鴻於《香港客家》中提到：「從 20 世紀 60 年代開始，其他的客家飯店也紛紛出現，例如瓊園、梅江⋯⋯其中以醉瓊樓和泉章居為港人所熟悉。」[8] 客家菜是粵菜中的重要一支，也斯拍攝的是有數十年歷史的「泉章居」。

照片中的「泉章居」已搬離上址，[9] 也斯的拍攝已成歷史紀錄，未變的是「泉章居」仍是香港客家菜的標誌，融合成香港飲食文化的一部份。

---

[8]　張展鴻，〈香港客家菜館與「正宗東江菜」〉，輯於劉義章主編，《香港客家》（桂林：廣西師範大學出版社，2005），頁 197。

[9]　也斯著；也斯攝影，《也斯的香港》，頁 160。

三、流動與變奏：豉油西餐、俄國菜與茶餐廳

香港受鄰近的地方菜影響，也受國外的飲食文化薰陶，如「太平館餐廳」與「皇后飯店」。也斯鏡頭下的「太平館」，雖然不是從國外直接傳入，但考研其歷史，能明白「太平館」與外國飲食文化的關係。[10]

「太平館」的創始人徐老高，曾於廣州的「其昌洋行」做廚房雜工，洋行為美資公司，駐有不少美國員工，洋行內的廚房需要烹調西餐，迎合他們的飲食習慣，徐老高因此學曉做幾道西餐，其後成為洋行的廚師。徐老高於學廚的過程，習得西方的烹飪技巧，徐老高其後混合中西的烹調方法，用中式的醬油調味，以西式的煮法烹調，即現時「豉油西餐」的做法，當中源自西方飲食文化的部份，於歷代的「太平館」仍一直承傳。「太平館」從廣州到香港，與殖民也有間接關係，最初的「太平館」建於廣州，面對上世紀30年代的日本侵華，當時的第三代傳人徐漢初選擇到香港另設新店，就是考慮到香港的殖民地身分：「他（案：徐漢初）想到香港是英國殖民地，估計日軍不會入侵，於是決定南

---

[10]　也斯著；也斯攝影，《也斯的香港》，頁 163。

下香港另設新店。」[11] 由此西方的飲食文化，便隨著「太平館」來到香港。

　　香港早期的俄羅斯菜同樣是從國內流入，也斯提到：「另一種西餐的模式則來自上海，是當年上海霞飛路的白俄餐廳。」[12] 香港「皇后飯店」的始創人于永富，從上海引入傳統的俄國菜，並將西式的烹調方法一併從上海帶到香港：[13]

[11]　徐錫安：《共享太平：太平館餐廳的傳奇故事》（香港：明報出版社，2007），頁 22。

[12]　也斯著；也斯攝影，《也斯的香港》，頁 162。

[13]　也斯著；也斯攝影，《也斯的香港》，頁 163。

于永富六歲於上海學習俄國菜，廿多歲成為大師傅，三十一歲到香港打工，1952 年開設「皇后飯店」，以出售傳統的俄國菜為主。「皇后飯店」於香港開設，其名稱與殖民地也有所關聯，當時香港為英國的殖民地，英國以皇帝、皇后的身分最為尊貴，所以于永富等老闆便將飯店取名「皇后」。「皇后飯店」與「太平館」的異國口味雖然分別來自中國的不同地方，但同樣是透過與外國文化的接觸，將西方的口味、菜式移植到香港。

　　中西飲食文化於香港匯流，逐漸揉合成香港本土獨有的特色。源自香港的茶餐廳，便是從洋化的西餐廳、冰室轉變而成，同時兼售中式食物。英國於殖民時期，為香港帶來西方的飲食文化，西餐館的數量不斷上升，食肆的種類亦隨之增加。最初，貴價的酒店餐室主要招待洋人外商，其後華人逐漸開設消費較低的西餐廳，以賣飲料、糕餅為主的咖啡室與冰室也相繼出現。這些西式食肆隨後逐漸加入不同地方的飲食元素，最終演變成港式的茶餐廳，如也斯拍攝的「檀島咖啡餅店」：[14]

---

[14]　也斯著；也斯攝影，《也斯的香港》，頁 156。

「檀島」始於上世紀 40 年代，以咖啡、蛋撻最為著名，但逐漸於西式飲料、糕點以外，提供粵式燒臘、中式飯麵等食品，食物種類越見多樣化，在在體現東西文化的交流，以及香港文化的混雜性。

綜觀也斯筆下與鏡頭下的香港食肆，雖然各有來源，但不難發現各家食肆都有悠久歷史，而且均與人口遷移相關。於二次大戰與國共內戰後，多方的飲食文化於上世紀 50 年代逐漸流入香港，或於本土重拾腳步，與百廢待興的香港共同發展，構成香港最初始的飲食文化奠基。經過數十年的時間流轉，更多地方的餐廳、菜式傳入香港，但戰

後形成的飲食文化仍一直影響至今。也斯想要呈現的飲食文化，非日新月異的味道追求，而是為了重溯香港的飲食文化根源，將相關的菜式、食肆以文字、照片紀錄下來。《也斯的香港》一書 2005 年於香港出版，以繁體字編印，也斯明顯旨在呈現心目中的香港，雖然他未有明言目標讀者，內容傾向刻意跳過大眾耳熟能詳的部份，對香港的讀者述說飲食文化深具歷史的一面。

2011 年於廣州出版的《也斯看香港》以簡體字印刷，也斯於序言中已提到：「有機會出版，就不想重複自己，反想變化一下，就不同的時空，不同的讀者，換一個不同方法去說香港。」[15]《也斯看香港》面對的明顯是內地的讀者，其中飲食部份略有不同，更換了數張食肆的照片，將舊有的蓮香、潮州食肆、泉章居及皇后餐廳，換成陸羽茶室、泰昌餅家、羅富記與黃枝記。這樣更改固然影響圖文的緊密配合，不過卻可見也斯的仔細考量，他考慮到內地讀者未必十分了解香港的飲食文化，若圖文兩者均溯源至上世紀 50 至 60 年代，會令讀者的了解造成斷層，無法吸引他們，亦難起溯源之效，因此也斯未有增刪相關的飲食講述，而選擇換上四家更為內地讀者認知的食肆，藉照片連繫他們對現今香港的飲食印象，進而使他們逐步

[15]　也斯，《也斯看香港》（廣州：花城出版社，2011），頁 4。

通過文字，了解香港飲食文化的基礎。

四、小結

飲食內藏豐富的歷史資料、文化足跡，也斯以攝影與書寫捕捉香港的飲食文化根源與特色。《也斯的香港》中的香港食肆相片，細究之下，可知並非隨手拈來、胡亂推砌，而是緊密配合戰後 50 年代的飲食文化發展。也斯刻意將中、西各式食肆的相片一併呈現，配上文字解說，清晰梳理出香港飲食文化從戰後至今的主要發展源流，相片更能具象地使讀者現今的牽連。《也斯看香港》中部份相片的置換，可見也斯的仔細考量，也斯面向內地讀者，希望以他們較熟悉的食肆相片，帶領讀者深入了解香港不同時期的飲食文化。文化與人事流動不居，也斯以文字和相片記錄一時一地的歷史標誌與政治變遷，有助文化的整理和歷史的追溯，當中以飲食為題的作品尤見突出，從日常吃喝引進地方歷史、文化，以輕鬆手法訴說嚴肅主題，處處可見也斯對飲食的熱愛，以及對地方文化的仔細觀察與關注。

參考書目

也斯作品

也斯，《也斯看香港》，廣州：花城出版社，2011。

也斯；也斯攝影，《也斯的香港》，香港：三聯書店，2005 年。

梁秉鈞，《東西》，香港：牛津大學出版社，2000 年。

梁秉鈞，《蔬菜的政治》，香港：牛津大學出版社，2006 年。

梁秉鈞：《帶一枚苦瓜旅行》，香港：Asia 2000 Ltd，2002 年。

專書

吳昊，《飲食香江》，香港：南華早報，2001 年。

徐錫安，《共享太平，太平館餐廳的傳奇故事》，香港：明報出版社，2007 年。

張衛東、王洪友主編，《客家研究》，上海：同濟大學，1989 年。

許永強，《潮州菜大全》，汕頭市：汕頭大學出版社，2001 年。

焦桐主編，《味覺的土風舞：「飲食文學與文化國際學術研討會」論文集》，台北：二魚文化事業有限公司，2009 年。

劉義章主編，《香港客家》，桂林：廣西師範大學出版社，2005 年。

◎
攝飲寫食：也斯戰後香港飲食文化觀察

從英式到港式：
茶餐廳及其飲食的傳承與轉化

一、緒言

　　茶餐廳，香港最道地的食肆，提供大眾化的港式口味，是香港飲食文化的標誌。茶餐廳的餐膳貫穿中西，兼融各國飲食文化，同時能保持香港的特色，這種混雜而且富個性的特質，進一步擴闊茶餐廳的文化內涵，成為香港文化的表徵。無論作為地方飲食的代表還是文化符號，了解茶餐廳與香港千絲萬縷的關係尤為重要，兩者緊密牽連，由此衍生出更多問題，茶餐廳出現於怎樣的時代背景？其特色食物如何形成？以上種種均值得仔細研究。綜觀專論茶餐廳及其飲食的文章[1]，多見於雜誌，內容相約，主要述說茶餐廳的起源

[1]　另見從商業角度討論茶餐廳的文章，如孟巖峰：〈連鎖茶餐廳茶飲大國的休閑新時尚〉，載《中國商貿》，2007 年 07 期，第 42 頁；吳丹：〈茶餐廳也上市〉，載《21 世紀商業評論》，2012 年 22 期，第 70-71 頁，因非以飲食為主，故不贅述。

與特色，介紹特色食物與行業術語，點出茶餐廳與香港的關係 [2]。論文方面，茶餐廳的專論不算豐富，人類學家吳燕和的〈港式茶餐廳——從全球化的香港飲食文化談起〉[3] 與〈香港的茶餐廳〉[4]，同具啟發性，吳氏從飲食人類學（Anthropology of food）的角度，於食物、服務與環境等方面，探討茶餐廳與殖民的關係、本土化的情況，以及多元的適應性。社會科學學者梁世榮的〈茶餐廳與香港人的身分認同〉[5]，主要以印刷媒體為據，梳理茶餐廳形象於香港人心目中的轉變，探討茶餐廳如何成為香港的文化象徵。

　　茶餐廳能夠深入民心，對香港造成深遠影響，內在的意涵可從多方面探討，文化社會學家 John Tomlinson（1949- ）

---

[2] 上述內容可參吳亦哲：〈港式大牌檔與茶餐廳〉，載《讀者（原創版）》，2009 年 10 期，第 43 頁；張雙利：〈本土符號：茶餐廳〉，載《新世紀周刊》，2007 年 16 期，第 50-51 頁；周軼君：〈解碼茶餐廳〉，載《明日風尚（生活態度）》，2007 年 05 期，第 50-51 頁。

[3] 吳燕和：〈港式茶餐廳——從全球化的香港飲食文化談起〉，載《廣西民族學院學報（哲學社會科學版）》，2001 年，第 23 卷第 4 期，第 24-28 頁。

[4] David Y.H.Wu,「Chinese Café in Hong Kong」,*Changing Chinese Foodways in Asia*, Hong Kong: The Chinese University Press, 2001,p.71-80.

[5] 梁世榮：〈茶餐廳與香港人的身分認同〉，載吳俊雄、馬偉傑、呂大樂編《香港‧文化‧研究》（香港，香港大學出版社，2006 年），頁 46-85。

談地方性飲食文化時指出：

> 我們認為一個地區的特色食物，敘述著移動和混合的故事。僅有歸化的食物為長時間經過改良、被接受和融合過的食物。再者，我們認為足以代表國家特色的食物，背後經常隱含著貿易連結、文化交流、特別是殖民主義的複雜歷史。[6]

據上文所述，特色食物的形成具有不同因素，從地域的流轉開始，逐漸調整，落地生根，通過改良迎合大眾，演變出自己的獨特之處，食物背後亦藏有各自的歷史。文中提到「殖民主義」與飲食的關係，正吻合香港的歷史環境，值得多加注意，香港於 1841 年被英國殖民，至 1997 年回歸中國，期間多受西方文化影響，加上港口的自由開放，貿易往來引進各地特色，就如比較文學家兼文化研究者梁秉鈞（筆名也斯，1949-2013）談到：「混雜性的確是香港文化的一個特色，與外界的交往連繫也超乎任何一個華人都市。」[7] 香港通過世界性的渠道，能夠吸納多方元素，構成香港富混雜性的飲食文化。

---

[6]　John Tomlinson：《最新文化全球化》，鄭棨元、陳慧慈譯，台北：韋伯文化事業出版社，2005 年，第 137 頁。

[7]　也斯（梁秉鈞）：〈如何閱讀香港的都市空間？〉，《香港文化》，香港：香港藝術中心，1995 年，第 23 頁。

John Tomlinson 述說特色食物的理論，結合溯源、梳理與分析，提供多個研究的方向，值得參考。本文據此重新整合，嘗試於殖民的語境之下，從背景、傳承與轉化三方面，串連出清晰的脈絡，探討茶餐廳及其食物由英式轉化到港式的過程。本文先上溯英式飲食文化傳入香港的歷史，進而勾勒茶餐廳衍生時的餐飲環境，了解下午茶意涵於香港的演變及發展，最後分析茶餐廳食物轉化的情況與原因。

二、味道的傳承：從西餐廳談起

茶餐廳於現今香港隨處可見，考其源流，可知其誕生前經過轉變和融合，始形成今日富香港特色的茶餐廳面貌。英國於香港殖民，英國人帶來當地的飲食文化，也自然對英式餐膳有所需求，西餐廳逐漸應運而生。1845 年，共濟會（Freemasonry）以雍仁會館作總部，[8] 當中包括香港早期著名的西餐廳。雍仁會館一直以會所方式經營至今，入會需經推薦、審批，可知初時會館服務的對象以英國人為主，西方飲食文化對外流傳的機會雖然較少，但英式飲食對香港日後西餐的發展具深遠的影響。隨著外國文化的流入，

[8]　E.J. Eitel, Europe in China, Hong Kong: Oxford University Press, 1983, p.247.

加上社會對西餐的需求增加，19 世紀中、後期開始，不少新建成的酒店都設有西餐廳，如：香港大酒店、維多利亞酒店與鹿角酒店，當中的餐膳以英式為主：

> 其時之西餐，純粹是英國式，先吃湯，然後牛魚雞等，最後餅食或雪糕、時果、咖啡或紅茶。[9]

由於西餐的價錢高昂，服務對象以外國人居多，非一般收入的香港人能夠負擔。從雍仁會館、鹿角酒店所提供的飲食服務，可知香港早期的西方飲食文化仍以英式為主。餐廳所建的位置從會所擴展至酒店，對外開放的程度提高，雖然價錢較高、非大眾化，但已為香港人接觸西方飲食文化開闢新的渠道。19 世紀 80 年代，西餐廳已普遍見於街頭巷尾，更容易為大眾所接觸。踏入 20 世紀，香港西餐廳的數量逐漸增多，加上酒店紛紛開設西餐廳，形成一股西式飲食的潮流，但無論是酒店的、高級的或是外資經營的西餐廳，價格依然昂貴：

> 早年能吃得起「番菜」的人，至少有中等收入，而吃「番菜」在當時來說，是很時髦，達官貴人趨之若鶩。[10]

◎ 第二輯　戰後香港的飲食文化

---

[9]　吳昊：《飲食香江》，香港：南華早報，2001 年，第 66 頁。

[10]　徐錫安：《共享太平：太平館餐廳的傳奇故事》，香港：明報出版社有限公司，2007 年，第 113 頁。

當時香港的普羅大眾為西餐所吸引，但財力有限，於內心食慾與經濟支出無法平衡的情況下，衍生出華資的西餐廳，提供較為大眾化的西餐，如著名的華樂園。華樂園是酒店以外最早的華資西餐廳，開業於 1905 年，香港掌故專家梁濤（筆名魯言，1924-1995）認為「『華樂園』這三個字，含有華人吃西餐的樂園之意」[11]，同樣熟識歷史掌故的吳昊（1947-2013）言「『華樂』之意，含有華人吃西餐吃得歡樂之意，所以看來是做中國人生意居多了」[12]，承如梁、吳兩人所論，從店名看來，華樂園明顯有意開拓華人西餐市場。上文談到，會所、酒店與高級西餐廳主要以外國人為目標顧客，因此定價較高，香港人眾雖有意品嚐卻無法負擔，華樂園的創辦者同屬華人，更了解華人市場，故刻意降低價格，針對香港人吃西餐的龐大商機。華樂園以低價吸引顧客，同時需要控制成本，套餐中的菜式有所刪減和調整，進一步通過菜單的比較，可了解西餐廳與酒店餐廳的菜式異同，探究華樂園的經營策劃，下文以列表比較鹿角酒店西餐廳的大餐、小餐與華樂園的全餐[13]：

---

[11]　魯言：〈西餐東傳及香港早期的西餐館〉，魯言等著：《香港掌故（第五集）》，香港：廣角鏡出版社，1982 年，第 184 頁。

[12]　吳昊：《飲食香江》，第 66 頁。

[13]　列表中各菜單資料，參魯言：〈西餐東傳及香港早期的西餐館〉，詳見魯言等著：《香港掌故（第五集）》，第 182、185 頁。

鹿角酒店「大餐」	鹿角酒店「小餐」	華樂園「全餐」
一元	九毫	五毫
1. 吉士豆湯	1. 蟹肉泮絲湯	1. 路笋湯
2. 炸魚	2. 焗鮮魚	2. 烟魚
3. 燒白鴿	3. 燒豬排	
4. 炸西雞	4. 茨會雞	3. 火腿雞這厘
5. 大蝦巴地	5. 番茄蛋	
6. 路粉鴨肝		4. 鷄肝飯
7. 燒牛肉	6. 牛扒	5. 會牛肚
8. 燴火腿	7. 燴火腿	
9. 凍肉	8. 凍肉	
10. 咖喱奄列	9. 咖喱蝦	
11. 燴茨仔	10. 炮茨仔	
12. 燴蘿蔔	11. 桃菜	
13. 糖果布甸	12. 布甸	6. 王后布甸
14. 杏仁餅	13. 夾餅	
15. 炸蛋絲		
16. 喫啡	14. 喫啡	7. 喫啡或茶
17. 糖茶	15. 糖茶	
18. 牛奶	16. 牛奶	
19. 芝士	17. 芝士	
20. 鮮果	18. 鮮果	8. 鮮果

鹿角酒店創辦於 1895 年，大餐與小餐的菜式相近，數量上大餐僅多兩道菜——「路粉鴨肝」與「炸蛋絲」，其餘菜式的種類相近，只是大餐的用料較好，如「燒白鴿」和「杏仁餅」，部份烹調方法稍有不同，如「炸西雞」與「燒牛肉」。

相對華樂園的全餐，菜單上的菜式減少一半以上，當中的設計可見心思，梁濤曾比較大餐與全餐，提到：

> 「全餐」比「大餐」實際得多，它將牛奶、喫啡、糖茶改為喫啡或茶。將凍肉和炸西雞合成為「火腿鷄這厘」，這道菜其實就是凍肉……它保留一湯一魚，但卻加一碟飯，完全是符合華人的需要，但又保持食西餐的風味。[14]

梁氏所言「實際」即不花巧，亦帶有化繁為簡之意，如華樂園於同類菜式當中，只擇其一，將「喫啡」、「糖茶」和「牛奶」三款飲料整合為「喫啡或茶」，先剔除成本較高的牛奶，再供顧客選擇，看似提供自主的服務，實際上飲料由三款縮減至一款。此外，華樂園將不同的菜式結合，如「火腿鷄這厘」由大餐中的「凍肉」、「炸西雞」與「燴火腿」轉化而成，三道菜的用料匯合成一道菜，顧客仍能品嚐不同食材，餐廳亦可降低成本。全餐依大餐的菜單保留湯、魚、肝、牛、布甸、鮮果，外加上述有所調整的「喫啡或茶」與「火腿鷄這厘」，可見華樂園基本上保留大餐的菜單框架。與大餐對照，全餐菜單所刪去的是烤品、前菜、咖喱、菜蔬、餐後小點與芝士，細察之下亦可知其理，烤品與「燴牛

---

[14] 魯言：〈西餐東傳及香港早期的西餐館〉，魯言等著：《香港掌故（第五集）》，第 185 頁。

肚」同為肉類，前菜已設「火腿雞這厘」，餐後小食以「王后布甸」代表，華樂園從大餐中剔除的項目，於全餐均有相類的菜式替補。另外，華樂園從口味與價錢方面考量，咖喱與芝士未必完全迎合大眾的口味，菜蔬相對上屬較廉價的食材，因此刪去這三項菜式的問題不大。全餐唯一外加的是飯食，梁濤已點明是為華人的需要而設，同時飯能帶來飽腹感，顧客不至於因為菜式的刪減，而無法吃飽。當時西餐廳全餐的食物普遍有八項，雖不及大餐豐富，但食物種類仍是齊「全」，及後為吸納消費能力較低的顧客，遂推出「常餐」。常餐的食物減至六項，固定保留的有湯、魚、飯及飲料，因菜式有缺，故稱作「常」設的餐單，名稱不再標榜「大」與「全」，逐漸變得大眾化。「快餐」始起於 1960 年代前後，蘭香室茶餐廳於 1959 年 1 月刊登的廣告 [15]（見下文），以「午市特快餐」作招徠的語句之一，可證當時已有快餐供應。「快餐」當中的食物減至四項，包括湯、飯及飲料在內，其價格的降低，並非為增加客源，而是實如其名，講求上菜、用餐速度的「快」，著意配合香港急速的生活節奏，食物的款式多寡僅屬次要，當中供求雙方對西餐要求的轉變，進一步摘去西餐的光環，從高尚昂貴的珍饈

---

[15]　〈蘭香室茶餐廳〉，《茶點》，1959 年第 1 期，缺頁數。

變成貼近生活的餐膳。

從雍仁會館、鹿角酒店可知，早期香港的西餐廳受殖民文化的影響，仍保留傳統英式的飲食文化，價格高昂，以招待外國人為主，香港人較少機會接觸。及後西餐廳開設於大街小巷，費用仍非一般大眾所能負擔，華樂園等華資西餐廳看準商機，因應香港人對西餐的好奇與嚮往，選擇以貴價的大餐為藍本，增刪、調整菜式，控制成本，降低售價，吸引消費力相對較低的香港人，擴大顧客的層面和來源。於昂貴、傳統的西餐以外，另見一條西餐的演變途徑，這類西餐廳無論價格與菜式均漸趨大眾化，距離傳統英國的飲食文化愈來愈遠，由此已可隱見，部份英式飲食文化逐漸轉型至港式，而且有平民化的現象。西餐廳貼近香港大眾的趨勢為日後茶餐廳的衍生奠定基礎，營造出廉價西餐的消費氛圍。

三、醞釀與轉化：從冰室到茶餐廳

香港成為英國殖民地以後，英式飲食文化逐漸擴散，見於不同食肆，被視為茶餐廳前身的「冰室」，同樣有英式餐膳的影子。「冰室」一詞受梁啟超（1873-1929）的書齋「飲冰室」，進而變成一種標榜凍飲、冰品的食店，逐漸影響香港，在地冰室陸續開設。香港的飲食文化，與英式飲食文

化相關，冰室主要供應汽水、果汁、雪糕、三文治、多士等餐點，明顯源於西方的飲食文化，加上受到下午茶文化與咖啡店的影響，兼售咖啡、奶茶等英式飲料。1910 年香港已有不少冰室，與西餐廳相同，冰室的等次有高低之別，以吸引經濟能力不同的消費者，鄭寶鴻提到：

> 40 年代末至 50 年代初，普羅大眾常光顧橫街的冰室，一杯奶茶約兩三毫子。醫生、會計師等高消費人士則到高級冰室，像中環畢打街的「美利權冰室」，一杯奶茶要 1 元，價錢貴數倍，因為環境及品味都較為高檔次。[16]

各有定位的冰室，收費與裝潢不一，供不同階層的顧客選擇，從供求的情況可推斷，20 世紀初以降，香港的各個消費層均有喜好冰室的顧客，特別是低下階層，雖然經濟能力不佳，但對西式餐點仍有所渴求，這批潛在顧客所帶來的商機，成為開設平民化冰室的誘因，亦帶來持續營運的可能。不少冰室看準中、低下階層的需要，提供較廉價的餐點服務，這不僅是供求問題，同時可視作西式飲食漸趨大眾化的過程。從宏觀而言，冰室日漸受不同階層的香港人歡迎，呈現西式餐膳廣泛普及的情況。

---

[16] 謝詠賢：〈ABC 餐體現港人飲食文化〉，《明報》2006 年 7 月 17 日，E01 版。

冰室見於 20 世紀初，興起於二次大戰以後的 40、50 年代，茶餐廳於相近的時期開始出現：

> 「茶餐廳」是只有香港才見的獨特名稱⋯⋯肯定戰後才出現，屬同一集團的蘭香閣茶餐廳和蘭香室茶餐廳算是最早。[17]

中環蘭香閣茶餐廳始業於 1946 年，是早期以茶餐廳命名的食肆，現存香港歷史最悠久的茶餐廳為蘭芳園，開業於 1952 年。茶餐廳出現的時間，與冰室於廣州流行的年代相約，兩者於餐點與服務形式上十分相似，視冰室為茶餐廳的前身屬有理可循。最初茶餐廳售賣的餐點，與現在五花八門的相距甚遠：

> 早期茶餐廳供應的飲品只包括咖啡、奶茶及滾水蛋，數款三文治、多士和港式麵包而已。[18]

比對之下，初期茶餐廳的餐單與冰室的幾近相同，兩者以飲料、餅食作賣點，關係密切。茶餐廳一名以「茶」為首，強調飲料的重要，香港餐飲聯業協會會長伍德良亦言：

◎ 從英式到港式：茶餐廳及其飲食的傳承與轉化

[17]　吳昊：〈飲食前言〉，《飲食香江》，缺頁數。
[18]　銀龍飲食集團著：《港人飯堂：茶餐廳》，香港：萬里機構，2013 年，第 11 頁。

「所謂茶餐廳，以茶水為先，飲品乃是基本」[19] 當中所言之「茶」有所特指：

> 舊時香港人把飲茶分為二分：上中式茶樓飲茶，叫做飲「唐茶」，去咖啡室或飲冰室的，就叫做飲「西茶」。「西茶」包括奶茶和咖啡。[20]

「飲茶」於香港細分為中式、西式兩種，茶餐廳中的「茶」專指西式的奶茶和咖啡。茶餐廳與冰室均著重飲料，以輕食為主，兩者於菜單食物、經營模式方面類近，何以要另外命名？

吳燕和提到，部份食肆起始以「冰室」為名，其後易作「茶餐室」[21]，但未有述說兩者之別，亦未有進一步分析食肆易名的原因。「冰室」與「茶餐室」的區別，可從售價、客源和形象三方面思考。冰室的花費、等次有高低之別，茶餐廳更接近廉價的冰室，若定名為「茶餐廳」，可與貴價的冰室作區分，訂立鮮明的廉價路線，塑造大眾化的形象，更易吸納低下階層。冰室開設的原意為消暑，定位為閒聊、

---

[19]　銀龍飲食集團著：《港人飯堂：茶餐廳》，第 11 頁。

[20]　吳昊：《飲食香江》，第 82 頁。

[21]　David Y.H.Wu,「Chinese Café in Hong Kong」,*Changing Chinese Foodways in Asia*, Hong Kong: The Chinese University Press, 2001,p.75.

小聚、輕食的地方，而非作正餐之用，最初茶餐廳的餐點與冰室雖有類同，但名稱於「茶」之後言「餐廳」，餐廳是可供用膳的地方，已點出可兼熱食的路線。文化人梁文道（1970-）談茶餐廳，同樣以飲食種類的不同來區分茶餐廳與冰室：

> 冰室本來應該歸在「西式」飲食的範疇裏面（即使那是本地化了的西式），它不會賣鴨腿湯飯，也不會賣牛腩河、豬肝粥。我們今天所知的茶餐廳是後冰室年代的產品，它們擺脫了西式飲食的框框，大膽地加入許多原來在冰室裏一定找不到的中式小炒和碟頭飯，甚至打破冰室和粥舖麵檔的界限，井水犯進了河水，把粥粉麵飯奶茶咖啡放在同一個屋頂之下。[22]

梁氏指出冰室仍以西式的飲食為主，茶餐廳則兼融西式、中式與港式飲食，兩者的餐膳、定位明顯不同，連帶出提到冰室與茶餐廳的傳承關係。從茶餐廳的取名可知，「茶」相類冰室對飲料的著重，同時可如西「餐廳」般用餐，上文提到，常餐、快餐、特餐等稱謂來自西餐廳，茶餐廳逐漸出現這類套餐的名稱，雖餐單內容已有更易，但其概念正源於西餐廳，可知兩者的淵源。茶餐廳的定位不限於

---

[22]　梁文道：〈懷念茶餐廳〉，載梁文道，《味道之味覺現像》，北京：群言出版社；桂林：廣西師範大學出版社，2013，第 165 頁。

飲料、輕食，取名為餐廳，食物的種類不若冰室般受限制，能提供輕食以外的餐膳，潛在的客源更廣。茶餐廳融合冰室與西餐廳的長處，以廉價為定位，經營富彈性，且貼近大眾。名稱上茶餐廳率先從西式轉移到港式，日後於經營方法與食物菜式方面，逐漸依循此途徑發展，建構出富香港特色的道地食肆。

四、飲食在地化：Afternoon Tea 與下午茶

英國殖民香港無形中引入英式的飲食文化，食肆提供傳統英式餐膳已是最好的例子，當中傳入的不單是西方的食材、菜式、口味與烹調方法，亦包括外國的飲食習慣，張京媛談殖民主義時提到：

> 「殖民化」表現為帝國主義對「不發達的」國家在經濟上進行資本壟斷、在社會和文化上進行「西化」的滲透，移植西方的生活模式和文化習俗，從而弱化和瓦解當地居民的民族意識。[23]

英國無疑於多方面影響香港，飲食方面更多帶來「生

---

[23] 張京媛：〈前言〉，張京媛編：《後殖民理論與文化認同》，台北：麥田出版有限公司，1995 年，第 10 頁。

活模式和文化習俗」，以下午茶文化最富標誌性，影響至為深遠，構成茶餐廳不可少的一環。相較之下，現時香港的下午茶與英式傳統的已大有不同，香港「下午茶」一名來自英文「afternoon tea」，追溯其源，應始於 19 世紀 30 年代末至 40 年代初的英國，當時晚飯時間為 7 至 8 時，距離午飯時間有好幾小時，加上英國人的午餐比較簡單，期間難免饑餓難當。最廣為流傳的下午茶先驅是貝德福公爵夫人安娜瑪麗亞（Anna Maria, Duchess of Bedford,1783-1857），一日安娜因午餐與晚餐之間的時間太長，感到體力不支，遂命僕人準備茶與食物，以滿足轆轆饑腸。安娜嘗試後，決定邀來三五好友，組成小型茶會，1841 年她於溫莎城堡（Windsor Castle）寄與親屬的信中提到：

I forgot to name my old friend Prince Esterhazy who drank tea with me the other evening at 5 o'clock, or rather was my guest amongst eight ladies at the Castle.[24]

於下午五時進行的下午茶，已成為安娜的習慣，她還邀來貴族好友，從獨樂樂到眾樂樂，純粹果腹的行徑外添一重交際聯誼的意義。下午茶的習慣隨英國人傳入香港，如下圖所示，梁濤另於相片下注述：

---

[24]　Jane Pettigrew, *A Social History of Tea*, United Kingdom: National Trust Enterprises Ltd, 2001,p.102.

本圖攝於 1900 年左右。這四位英國人正在香港飲下午茶。置放這些西式食品的是酸枝桌；他們背後的也是中國式屏風。[25]

英國於 1841 年殖民香港，據梁氏所言，20 世紀初的香港可見下午茶的蹤跡，從桌上的餐具可知，圖中所見的是傳統英式的下午茶，由此說明香港被英國殖民以後，仍保留傳統的英式食俗，下午茶的文化已於香港流傳。殖民促使英式文化流入香港，但文化的交流並非單向，如陶東風談到：

文化交往的歷史必然是一個雙向的對話過程，儘管不

◎ 第二輯　戰後香港的飲食文化

[25]　照片與說明參見魯言：〈西餐東傳及香港早期的西餐館〉，詳見魯言等著：《香港掌故（第五集）》，香港：廣角鏡出版社，1982 年，第 179 頁。

同的國家因國力的差異不可能是文化交往中的平等對手。[26]

　　不論是殖民者或被殖民者，兩者的文化均有相互影響的可能，上文的相片正能展示這點，中式的餐桌、屏風，加上英國人及其下午茶，形成東西方文化的強烈對比，中西元素同現於一張照片，正如中西文化於香港匯流。於混雜的文化環境之下，圖中的英國人享用傳統英式的下午茶，但身處香港，不免受東方文化影響，繼而依循、調合香港的地域文化而改變，如張京媛提到的殖民情況：

　　　被殖民者在複製殖民者文化語言時，往往摻入本土異質，有意無意地使殖民者文化變質走樣，因而喪失其正統權威性。[27]

　　傳統英式的下午茶，於中式的環境下開展，這種因地制宜的調整，令英式的元素逐漸減弱，後來演變成港式的下午茶。傳統英式的下午茶主要包括茶、牛油、麵包、蛋糕等餐點，這種飲食模式隨英國殖民流傳到香港，初期香港的下午茶仍跟隨傳統的形式，後來因這種飲食文化深入

[26]　陶東風：《後殖民主義》，台北：揚智文化事業股份有限公司，2000 年，第 185 頁。

[27]　張京媛：〈前言〉，張京媛編：《後殖民理論與文化認同》，第 17-18 頁。

民心，影響各個階層，逐漸普及與平民化，因而打破了傳統的規限，只取下午茶於時間上的意義，以表示午餐與晚餐之間的用膳時段，當中的食物已不限於英式餐點，影響廣及其他西餐廳、茶餐廳，甚至是中式茶樓與形形式式的食店，只要食肆於午餐與晚餐之間，提供特別的餐單，或調低定價，均可稱作下午茶。

傳統的下午茶未有於香港消失，而是以「high tea」的名稱出現。追溯最初的英式傳統，high tea 與下午茶的含意各有不同。high tea 的來源與下午茶的別稱「low tea」相對，兩個稱呼均與用膳時餐桌的高低相關，low tea 一詞的解釋如下：

Guests were seated in low armchairs with low side-tables on which to place their cups and saucers.[28]

享用下午茶的主要為皇室、貴族與高收入人士，他們習慣於較矮的扶手椅與小餐桌用餐，low tea 因而得名。相對食用 high tea 的是工人般的低下階層，他們於普通的家居餐桌用膳，所以餐桌的高度較 low tea 的為高，故稱作 high tea。最初 high tea 主要為勞動階層食用，其原意與食物跟

---

[28]　Jane Pettigrew, *A Social History of Tea*, p.104.

下午茶相異：

> A 'high tea' of filling, hearty foods, also known as 『meat
> tea』 or 'great tea' was exactly what mine and factory workers
> needed as soon as they arrived home hungry and thirsty from
> 10-hour shift.[29]

　　high tea 食用於黃昏 6 時左右，為工人長時間工作後回家的餐膳，需迅速充饑與補充體力，因此於茶、麵包、蛋糕以外，還有肉類、餡餅、土豆等食物，部份貧窮的低下階層，更以 high tea 作為整天的最後一餐。最初下午茶與 high tea 不同，後來部份酒店、餐廳以 high tea 的名稱來推銷下午茶，因而 high tea 與下午茶相混。這種情況流傳到香港，構成內涵的二分，下午茶演變成進食的時段，high tea 則完全取代下午茶的原本意義：

> 英國習慣有上午茶和下午茶兩頓⋯⋯下午茶是四時左右，更為隆重。如果吃得豐富的就叫「高檔茶」（high tea）。馬會、半島和很多英式的酒店都有供應 high tea，又是銀器的多層小碟，有各式點心供選擇，最多的是烘餅（muffin），甚麼口味都有，多是各式生果味。其次是英式鬆餅（scone），塗牛油、果醬或蜜糖⋯當然也有吃餅乾

[29]　Jane Pettigrew, A Social History of Tea, p.110.

（biscuit）、克力架（crackers）或曲奇三文治。^[30]

上文描述 high tea 的豐富食物，與傳統英式的下午茶相同，文中 high tea 譯作「高檔茶」，可知香港人未明其原意，受英語「high」一詞影響，認為 high tea 的稱呼較為「高檔」。現今香港下午茶與 high tea 仍一直有此區分，意義相異以外，更有語言稱呼上的不同，香港人習慣以粵語稱「下午茶」，泛指飲食時段；以英語喚「high tea」，專指英式餐點，兩者斷然二分，可見傳統英式下午茶文化的保留，以及轉化以後港式下午茶文化的普及。

下午茶從飲食習慣到進食時段的轉化，與茶餐廳的衍生最為貼近，兩者均由英式轉化到港式，同樣是趨向平民化的過程，因此茶餐廳的下午茶很受香港大眾歡迎。下午茶於香港演化出本土的風俗，「三點三，嘆茶餐」便由此而起，這行業語來自香港俗稱的「三行」工人，^[31] 即建築工人，他們因體力勞動，加上受下午茶的習慣影響，故於「三點三」（即 3 時 15 分）享用下午「茶餐」，小休片刻，補充體力。「三點三」只是大概的時間，或因能與「茶餐」押韻而

---

[30]　陳鈞潤：《殖民歲月——陳鈞潤的城市記事簿》，香港：突破出版社，1998 年，第 96 頁。

[31]　「三行」工人包括木工、油漆工及泥水工。

取用。不少「三行」工人選擇到茶餐廳下午茶，因為方便快捷，無需顧忌衣著，如舒巷城（1921-1999）的散文〈三點三〉提到：

> 某天下午過北角，在一中型的茶餐廳吃了碗湯粉後，再來一杯咖啡。此時也，幾大個卡座、桌子的空位，轉眼間就給一大群顧客填滿了⋯⋯眾顧客中有些是赤着膊坐下來的。看看腕錶，我才省悟：「這時是建築行業（俗稱「三行」）的「三點三」──下午茶時間。[32]

從舒氏的記述，可見建築工人到茶餐廳下午茶的實況，即使他們不穿上衣，其他食客亦不會感到奇怪，因為大眾已清楚這約定俗成的飲食習慣。同樣是享用下午茶的風俗，以香港的「三行」工人與英國傳統的皇室、貴族相比，大異其趣，更見轉化前後階級上的不同。

茶餐廳受歡迎的原因是食物的款式多樣，下午茶亦不例外。茶餐廳的食物由最初的麵包、蛋糕、三文治，加入通心粉、奄列等熱食，還有西式的焗飯與意大利麵，後來更加入粵式燒味、中式小菜、即炒飯麵，甚至星馬、日本等各國美食。關於茶餐廳食物從何時起趨向多元，吳燕和

---

[32]　舒巷城：〈三點三〉，《夜闌瑣記》，香港：天地圖書有限公司，1997年，第43頁。

的分析如下：

```
　　　　蘭香室茶餐廳

及第靚咖品　　香濃靚咖啡　　早午晚靚餐
出爐熱且撻　　結婚生日餅　　著名牛腩麵
靚雲吞水餃　　忌廉泡芙餅　　午市特快餐
物質用上乘　　地方最華貴　　價錢最經濟

　　歡迎外賣　　專車送到

正　　店：中區萬宜大廈地下　電話：二三六一九・二○四六九
一支店：西環卑乍路街156至158號　電話：四一○二五
二支店：東區怡和街五十號　電話：七○二八○・七五三五七
```

茶餐廳的多功能快餐效應，始自 20 世紀 80 年代，新式茶餐廳的招牌逐漸取代了冰室之稱，增加了潮州粉面，供應多元化的飲食。[33]

吳氏認為，茶餐廳食物的多元始於 1980 年代，參看蘭香室茶餐廳於 1959 年的廣告[34]，可尋得更明晰線索。廣告列明當時已有快餐供應，此外販售的有中式的及第粥、牛腩麵、雲吞、水餃，以及西式的咖啡、蛋撻、生日餅、泡芙。雖然食物只有中、西兩大類，但細察當中款式的增加，

◎ 第二輯　戰後香港的飲食文化

---

[33]　吳燕和：〈港式茶餐廳——從全球化的香港飲食文化談起〉，載《廣西民族學院學報（哲學社會科學版）》，2001 年，第 23 卷第 4 期，第 27 頁。

[34]　〈蘭香室茶餐廳〉，《茶點》，1959 年第 1 期，缺頁數。

已漸現食物多元化的趨勢。其後，茶餐廳食物更具多樣性，陳冠中（1952 － ）於小說〈金都茶餐廳〉中提到：

> 燒味系列、粥粉麵系列、碟頭飯系列、煲仔系列、煲湯系列、炒菜系列、沙薑雞系列、腸粉系列、潮州打冷系列、公仔麵系列、糖水系列、越南湯粉系列、日式拉麵系列、星馬印椰汁咖哩系列、意粉通粉系列；
>
> 俄羅斯系列——牛肉絲飯、雞皇飯、羅宋湯；
>
> 西餐系列——炸雞脾、焗豬排飯、葡國雞飯、忌廉湯、水果沙律；
>
> 西點系列——波蘿油蛋撻法蘭西多腸蛋薯條漢堡熱狗三文治奶茶咖啡鴛鴦；[35]

現實當中，雖然未有茶餐廳能一併出售上述的菜式、小食，但文中提到的各式食物，的確散見於不同的茶餐廳，吳燕和曾統計幾十家茶餐廳的餐單，「細數其飲食種類，少則百餘種，多則超過 350 種，適應多種口味的能力是很驚人的」[36]，吳氏更仔細將尖沙咀的一家大型茶餐廳的餐單加

---

[35] 陳冠中：〈金都茶餐廳〉，《香港三部曲》，香港：牛津大學出版社，2004 年，第 162-163 頁。

[36] 吳燕和：〈港式茶餐廳——從全球化的香港飲食文化談起〉，載《廣西民族學院學報（哲學社會科學版）》，2001 年，第 23 卷第 4 期，第 28 頁。

以分類，並製成列表如下 [37]：

飲食類別	項目／味道	飲食類別	項目／味道
熱飲與熱甜品	25	湯通心粉	7
凍飲與刨冰	25	海鮮（例：魚）	5
咸甜小食	21	牛扒	10
三文治	18	豬扒	8
雪糕梳打	7	煲仔飯	13
奶昔	9	日式湯烏冬	21
穀類食物	9	湯麵	15
小食（例：熱狗、薯條）	13	意大利麵	25
沙律	10	西式飯食	43
湯品	9	中式飯食	30
泰式湯米	8	炒麵	25
咖哩飯	10	炒通心粉	18

吳燕和的統計數據，無論是個別考察，還是通過整合，均能凸現茶餐廳飲食款式的多樣性，各地飲食文化的共冶一爐，亦如吳氏所言，「有助茶餐廳迎合多方的胃口」[38]。茶餐廳的下午茶菜單同樣豐富多樣，能吸引更多顧客，因而部份西餐廳爭相仿效，於下午茶增添中式或其他地方的飲食元素。茶餐廳下午茶的多種選擇自然令餐點的分量更自由，食物能適合食客的各種需求，淺嚐可點蛋撻、三文治，充

[37]　圖表參 David Y.H.Wu,「Chinese Café in Hong Kong」,*Changing Chinese Foodways in Asia*, Hong Kong: The Chinese University Press, 2001,p.78.

[38]　吳燕和：〈港式茶餐廳──從全球化的香港飲食文化談起〉，載《廣西民族學院學報（哲學社會科學版）》，2001年，第23卷第4期，第28頁。

饞可選湯粉、飯麵。

下午茶文化隨英國殖民來到香港，內涵逐漸轉化、普及，雖然各式食肆均可見下午茶的蹤跡，當中以茶餐廳的經營模式最能與之配合，這與兩者同樣趨向大眾化有密切關係。下午茶於茶餐廳完全擺脫傳統英式飲食的規限，得以多元發展，具無限可能。茶餐廳靈活運用下午茶時段，設計富彈性的餐單，吸引更多市民大眾。茶餐廳與下午茶具英式飲食文化的淵源，兩者結合，更能體現各地文化於香港漸變本土化的一面。

五、融合與創新：茶餐廳的飲食哲學

英國殖民無形中開闊香港與各地接觸的渠道，更多西方菜式流入香港，部份為茶餐廳所吸納與轉化，變成富香港特色的食物，其他地區的特色食物，亦以茶餐廳作平台，扎根並改頭換面。下文選取茶餐廳富特色的食物，嘗試逐一按條分析，從熱食、包點、飲料等方面，了解茶餐廳食物演變的過程及原因。

（一）奄列（Omelette）

煎蛋捲於香港音譯作奄列，西式奄列多以起司、蔬菜、火腿作餡料，茶餐廳沿用火腿以外，喜用速食的香腸與午

餐肉，食材方便儲存和易於烹調。部份茶餐廳選擇就地取材，用上粵式叉燒，能迎合港人口味，亦可物盡其用。

（二）意粉（Spaghetti）

意粉即意大利麵，西式的意大利麵可配各款食材與醬料，茶餐廳有所仿效，以蕃茄汁作醬料，西式煮法用新鮮蕃茄烹調，茶餐廳的蕃茄汁以現成的蕃茄汁、蕃茄膏、麵粉、清湯等材料煮成，沒有新鮮蕃茄，即便注明為新鮮蕃茄汁，亦大多是茶餐廳的蕃茄汁加上切件的新鮮蕃茄，而非如西式般全為新鮮蕃茄所煮成。茶餐廳的做法成本較低，材料大多是製成品，方便儲存。茶餐廳的意大利麵有所調整，於用料、烹調手法上引入中式元素，一種煮法是添加醬油快炒，類似中式的醬油炒麵。另一種是以湯麵的形式烹煮，再加上其他配料，其中「叉燒湯意粉」，最具中式風味。吳燕和亦提到，這種迎合中國人口味的西式麵食，實為「西餐化的典範」[39]。

（三）法蘭西多士（French toast）

法蘭西多士一名直譯自 French toast，於香港簡稱作

---

[39]　吳燕和：〈港式茶餐廳——從全球化的香港飲食文化談起〉，載《廣西民族學院學報（哲學社會科學版）》，2001年，第23卷第4期，第28頁。

「西多士」或「西多」。西式的做法是把麵包沾上蛋漿，然後煎煮兩面成金黃，上面放鮮果、牛油、果醬等配料。茶餐廳的版本是麵包裹上蛋漿後炸成金黃，能縮短製作時間，同時不需佔用扒爐的位置。港式西多士大多配以牛油和糖漿，部份茶餐廳於兩塊麵包中間塗上花生醬，味道豐富，而塗上咖央醬的西多士，則多添馬來風味。

（四）菠蘿包

茶餐廳著名的菠蘿包，坊間大多流傳是源於俄羅斯麵包，但未有詳細述說。筆者認為，菠蘿包為中西烘焙方法並用的結晶，中西式的包點師傅會互相學習，混用中西烘焙技巧。菠蘿包應出自茶餐廳，下層麵包用西式「餐包」的製作方法，上層酥皮用中式「合桃酥」的製作方法，表面酥皮裂紋與菠蘿相近，故稱作菠蘿包。其後茶餐廳將菠蘿包進一步發揮，取牛油吐司的概念，將牛油夾於菠蘿包之中，簡稱「菠蘿油」，為茶餐廳始創，亦成為其標誌，可見茶餐廳對味道的追求，以及製作時的彈性和創意。

（五）雞尾包

跟隨英式的飲食風氣，1950 年代已有麵包店，不少茶餐廳設有烘焙的位置，提供新鮮包點，當時經濟環境仍未改善，為減少浪費，食肆店主將賣剩的麵包加入砂糖，製

成餡料再做麵包,因而衍生出雞尾包,雞尾包一名來自雞尾酒的英語「cocktail」,雞尾酒將不同的酒、果汁等材料混合,製作過程與雞尾包相近,因此取名「雞尾」。隨後香港生活環境日漸改善,食店棄用賣剩的麵包作餡料,改以牛油、砂糖、椰絲等材料製作雞尾包。

(六)奶茶

茶餐廳的港式奶茶相當著名,其源自於英式奶茶,兩者雖有關聯,但味道、用料、烹調方法已截然不同。無論選取甚麼茶葉,英式奶茶均用上茶包,以茶壺沖泡,茶味與港式奶茶比較,相對清淡,喝慣港式奶茶的香港人,認為英式奶茶太淡:

> 港人對英式奶茶興趣不大,嫌它溫吞水,太淡口,甚麼 Break tea、Earl Grey、Darjeeling、Jasmine,都絕不夠味,一加了奶更糟,還是港式奶茶,夠濃夠香。[40]

港式奶茶的茶味較濃,原因在於茶餐廳採用多種茶葉,混合作「茶膽」,取茶色、茶味、茶香的茶葉比例各有不一,每家茶餐廳均有自家的調配秘方,因此奶茶的味道、色澤各有不同。茶餐廳將調好的茶葉放入茶袋,以大茶壺煲煮,

---

[40] 陳鈞潤:《殖民歲月:陳鈞潤的城市記事簿》,第 97 頁。

直至茶色、茶味恰到好處，便維持熱度，待顧客點選才逐杯沖製，因此茶味更為濃郁，成本亦更低。奶的選擇亦有不同，英式奶茶採用牛奶，港式奶茶慣用淡奶，取其香滑，配以濃茶，相得益彰，造成醇香厚順的口感。

（七）鴛鴦

奶茶、咖啡等西式飲料，因下午茶文化而普及於香港，香港始見兩者二合為一，變成茶餐廳最具代表性的飲品。香港人對兩種飲料的接受程度不一，中國有源遠流長的茶文化，加上英式奶茶於茶餐廳變成港式奶茶，香港人不難適應其味，相反香港人較少接觸咖啡，加上其味苦澀，能接受的人相對較少。食店店主靈機一觸，嘗試將兩者混和，取奶茶的香滑與咖啡的濃郁，以結伴雙對的「鴛鴦」為名，形容兩種飲料融合成密不可分的關係。鴛鴦因味道獨特，大受香港人歡迎，其產生正能展示茶餐廳將西式飲食轉化成港式的過程。

從以上七條的分析，可綜合茶餐廳食物的多項特點。茶餐廳不限食物的出處，彈性引入英式、俄式等各地的菜式，加以保留或再作調整。善於就地取材亦為特色之一，茶餐廳以香港常見的材料與中式的烹飪方法，處理各地食材，能照顧香港人的口味，帶出新意。選用速食材料與更

變煮食方法，能降低成本，減少處理的時間，切合經濟為本、節奏急速的香港生活，加上大膽創新，在在體現茶餐廳的物盡其用與精打細算，同時又能以廉價的方法，令菜式為大眾所接受。

六、總結

富特色的食肆、餐膳不會無故誕生，茶餐廳及其飲食於香港出現，其源有自，源頭可追溯至英國殖民香港的初始，傳統的英式美食傳入香港，同時出現昂貴的西餐廳，部份置於會所或酒店，由此形成高格調的飲食風氣，無論是耳聞或品嚐，均令香港人留下深刻印象，播下一嚐西方美食的種子。想像逐漸轉化為慾望，商人看準香港人對西餐的龐大需求，開設華資西餐廳，將價錢降低，吸引更多食客老饕。源於英國的下午茶文化隨殖民傳入香港，冰室於食俗影響之下興起，提供西式的飲品、餐點，消費相對較低，更多香港人能夠負擔。

不論價錢、等次，西餐廳、冰室於英國殖民香港以後，形成西式飲食文化的風氣，吸引香港人的注目，食肆為迎合顧客需要，降低定價、控制成本、重訂菜式、改變食材，嘗試將西餐調整至大眾能夠消費的水平，形成西餐平民化

的趨勢。茶餐廳正於這種氛圍下應運而生，結合冰室與西餐廳的優點，提供飲料、包點、輕食，彈性經營，貼近大眾，配合香港人的生活節奏，因而廣受歡迎。英式下午茶文化於香港轉變成餐飲時段，深遠影響香港人的飲食習慣，下午茶於茶餐廳得以充分發揮，演化出豐富多樣、設計自由、迎合港人口味的食物與配搭。

細察茶餐廳的特色食物，部份源於英國或其他地方，不少經過調整，切合不同目的。香港一直以粵式飲食為主，奄列、意粉加入叉燒、豉油等材料，或以中式煮法烹調，可迎合香港人的口味，凸顯茶餐廳就地取材的智慧，體現食物在地化的融合。菠蘿包的發明，完美結合中西飲食文化，成為香港具標誌性的食物。法蘭西多士的烹調方法改變，加上即食材料的運用，能配合茶餐廳快捷的運作和香港急促的生活節奏。鴛鴦、雞尾包的產生盡見茶餐廳的創意，可作為食物從英式轉往港式的象徵。

本文從背景、傳承與轉化，貫穿食肆、食物和文化，由宏觀到微觀，可見英式飲食文化自殖民傳到香港以後，部份雖仍然維持傳統風味，但已漸趨平民化。食肆以香港人的口味為主要考量，當中滲入港式元素的西餐，展現食物在地化的過程，飲食文化、消費氛圍的轉變，為茶餐廳的誕生作最好的鋪墊。吳燕和總論茶餐廳特點時，指其富

「包容性和適應性」、「中西合璧,效率高,反應快,足以代表香港人的文化特色」[41],吳氏所言握要確當,與本文所論不謀而合。茶餐廳延續西餐港化的潮流,加上依循大眾化的路線,因而大受歡迎,其定位、價錢、食物等各方面,均呈現英式飲食文化轉變至港式的情況,如學者洛楓(1964-)談香港文化時指出:

> 香港的文化內容,既包含中國傳統模糊的輪廓,又同時具備外來或西方的養分,以及在這兩種素質互相混合後衍生的獨特面貌;當然,這種文化的撞擊、融合,最後導致本土的文化個性,並非一朝一夕即可完成。[42]

中西融和衍生出特別的菜式與味道,經過長時間的調整、磨合,逐漸演變成港式飲食文化,茶餐廳與其飲食正能反映這種情況。食物以茶餐廳作平台,產生滋味的化學作用,自 1950 年代開始,至今仍不間斷,於英式飲食以外,向各地的飲食文化借鏡,推陳出新,建構屬於香港的味道,翻新食客的味蕾。

---

[41] 吳燕和:〈港式茶餐廳——從全球化的香港飲食文化談起〉,載《廣西民族學院學報(哲學社會科學版)》,2001 年,第 23 卷第 4 期,第 28 頁。

[42] 洛楓:〈香港現化詩的殖民地主義與本土意識〉,張京媛編:《後殖民理論與文化認同》,第 279 頁。

參考書目

中文專著

也斯（梁秉鈞），《香港文化》，香港：香港藝術中心，1995。

吳昊，《飲食香江》，香港：南華早報，2001。

徐錫安，《共享太平：太平館餐廳的傳奇故事》，香港：明報出版社有限公司，2007。

張京媛編，《後殖民理論與文化認同》，台北：麥田出版有限公司，1995。

陳冠中，《香港三部曲》，香港：牛津大學出版社，2004。

陳鈞潤，《殖民歲月──陳鈞潤的城市記事簿》，香港：突破出版社，1998。

陶東風，《後殖民主義》，台北：揚智文化事業股份有限公司，2000。

舒巷城，《夜闌瑣記》，香港：天地圖書有限公司，1997。

銀龍飲食集團著，《港人飯堂：茶餐廳》，香港：萬里機構，2013。

魯言等著，《香港掌故（第五集）》，香港：廣角鏡出版社，1982。

英文專著

Eitel, E.J., 1983, *Europe in China*, Hong Kong: Oxford University Press.

Pettigrew, Jane, 2001, *A Social History of Tea*, United Kingdom: National Trust Enterprises Ltd.

David Y.H.Wu and Tan Chee-beng, *Changing Chinese Foodways in Asia*, Hong Kong: The Chinese University Press, 2001.

◎ 從英式到港式：茶餐廳及其飲食的傳承與轉化

報刊、雜誌

謝詠賢，〈ABC 餐體現港人飲食文化〉，《明報》2006 年 7 月 17 日，E01 版。

吳亦哲，〈港式大牌檔與茶餐廳〉，《讀者（原創版）》，2009 年 10 期，第 43 頁。

089

◎ 攝飲寫食：也斯戰後香港飲食文化觀察

第三輯

電影中的飲食文化與生活

食在光影中：
試論 1950、60 年代倫理片中的矛盾

一、引言

　　《禮記・禮運》：「飲食男女，人之大欲存焉。」飲食的重要性顯而易見，但於滿足食慾的同時，飲食背後的意義往往被忽略。電影的情況亦然，食物雖是電影中的常客，但專以食物為題的電影評論並不多。邁克的〈天堂的異鄉人〉[1] 以飲食為小題，討論食物與異鄉人的關係，其見解精闢獨到，可惜篇幅所限，飲食元素未能有更深入的剖釋。也斯在〈張愛玲與香港都市電影〉[2] 一文，以《南北一家親》（1962）為例，分析飲食與當時社會的關係。文中以倫理角

---

[1]　見邁克，〈天堂的異鄉人〉，刊於黃愛玲、何思穎輯，《國泰故事》（香港：香港電影資料館，2002），頁 200-213。

[2]　見也斯，〈張愛玲與香港都市電影〉，刊於香港臨時市政局編印，《第廿二屆香港國際電影節：超前與跨越：胡金銓與張愛玲》（香港：臨時市政局，1998），頁 147-149。

度討論《小兒女》（1963）的部份，略述螃蟹牽引男女主角的作用，論文雖不是以飲食為題，但當中與食物相關的論說及研究角度，確是極具參考價值。羅卡的〈張愛玲的電影緣〉[3] 同以張愛玲為題，文章綜合了張愛玲作編劇時，電影出現過的飲食場面，唯飲食只佔論文的一小部份，只能發揮概括的作用。電影中的飲食元素，可謂多不勝數，單以周星馳演出的作品為例，已有專書抽出多條與飲食有關的片段，整合成〈周星馳飲食譜〉[4]，當中收錄的內容包羅萬有，但僅流於資料的整合，詳細分析一概欠奉。吳昊撰寫的〈許冠文的喜劇世界〉[5] 同樣以人物為單位，當中收錄了許冠文電影中的飲食元素，並簡單分類，唯內容蜻蜓點水，只能作為粗略的指引。

飲食於電影中的重要性毋庸置疑，理應有更深入的討論，但食物牽涉的範圍太廣，若要深入研究，必須先定下研究方向。回顧上世紀 50 年代，當時部份香港人生活困苦，

---

[3]　見羅卡，〈張愛玲的電影緣〉，刊於香港臨時市政局編印，《第廿二屆香港國際電影節：超前與跨越：胡金銓與張愛玲》（香港：臨時市政局，1998），頁 135-139。

[4]　見九姑娘，〈周星馳飲食譜〉，刊於周星馳的 fan 屎著，《我愛周星馳》，（台北：商周、城邦文化事業股份有限公司，2004）頁 197-214。

[5]　見吳昊，〈許冠文的喜劇世界〉，載《香港電影民俗學》（香港：次文化堂，1993），頁 188-195。

只求三餐一宿，飲食作為最基本的要素，顯得尤為重要。對窮人而言，食物只用作維生，加上生活環境所限，他們沒有機會選擇食物的款式。相反，少數的富人則享有揀選食物款式的權利，由此食物態度上的差異，演化成貧富之間的矛盾。轉至 60 年代，食物於電影中的用途已有所改變，從 40 年代末開始加劇的南來移民問題，橫距整個 50 年代。北方文化對南方人的衝擊，一直蔓延到 60 年代，當時以南北為題材的電影大受歡迎，片中以道地食物作為兩地文化的象徵，藉以帶出反映現實的南北矛盾。飲食不單呈現地區上的衝突，亦能展示家庭裏的不和，家人用膳，不論親疏，都以飯桌為中心，各人面對食物時的態度，最能揭示個人情緒，令埋藏心內的兩代矛盾浮現眼前。本文旨在以飲食為切入，嘗試從上世紀 50、60 年代的倫理片，了解電影所呈現的不同矛盾。

二、《危樓春曉》：餐桌上的貧富分界

50 年代，物資匱乏，窮人只求三餐溫飽，絕不「揀飲擇食」，相反，富人依然可以選擇各式各樣的食物來滿足自己。飲食從來都是豐儉由人，貧富間的飲食態度本無任何衝突，但《危樓春曉》抓緊這個微細差別，加以發揮，將食

物與階級緊密連繫，刻意營造貧富的對立，令食物成為雙方的象徵，用以釐定角色的身分。《危樓春曉》(1953) 由李鐵執導，故事講述狹窄的舊樓當中，迫滿形形色色的住客：教師羅明（張瑛飾）、舞女白瑩（紫羅蓮飾）、的士司機梁威（吳楚帆飾）、放高利貸的黃大班（盧敦飾），以及初到香港的玉芳（梅綺飾）等，彼此的遭遇雖然各異，卻有著不可分割的關係，各人面對迫人的生活，以及搖搖欲墜的危樓，最後憑藉互助的精神同渡難關。

電影開首，導演已透過角色的言行舉止，呈現「危樓」中的貧富對立。富裕的大班夫婦私佔床位，蠻不講理；貧窮的一群則不分彼此，共同解決當前的困難。

導演為進一步突顯貧富的差別，選擇以食物作為工具，於飲宴的場景當中，透過不同口味反映貧富分歧，擴大貧富雙方的差異。電影初段，貧富間的衝突並不嚴重，彼此仍可融洽相處。於羅明與白瑩合辦壽宴一場，電影先以中遠鏡拍攝各人入席的情況，客觀展示各個角色的動作行為，導演以中景鏡呈現屋內的情況，傳遞群體生活的重要性。各人坐下以後，鏡頭刻意保留畫面上方的家庭佈景，視覺上，屋內的空間變得寬闊，相比之下，住客顯得較小，兩者的空間比例突現出家庭的重要性。各人處於家庭主導的鏡頭以下，個人主義被遏止，彼此都變成建構家庭的一部份，

地位亦無高低之別。另外，畫面中的飯桌發揮了聚集的功能，迫使各人環桌而坐，拉近各個屋主的距離，營造和諧的氣氛。李鐵安排這種「大家庭」式的愉快場面，是為開展隨後的劇情而定下前提，同時是為了訴說電影的中心思想。片名「危樓春曉」已經隱含「生活雖苦，但仍有希望」的主旨，但如何渡過困境？李鐵於片中已給予明確的答案，就是「不分你我，互相幫助」。

電影可以運用較易處理的和諧環境來表達互助的思想，但導演選擇以較立體的手法，將大班夫婦從「大家庭」中分隔開來，為平面的家庭環境帶來衝突，為「彼此互助」的電影思想，製造正反兩面的例子。各人入席以後，包租公八仙為自己倒酒，包租婆三姑搶去酒瓶，鏡頭跟著酒瓶左搖，三姑欲為大班斟酌，大班看見只是普通水酒，立即出手叫停，吩咐玉芳拿出他私存的白蘭地。片中以水酒為中心的搖鏡，清楚展示八仙與大班接觸水酒時的迥異面貌，呈現雙方飲食態度上的分歧。水酒的單一出現，起初只用作個人口味的對比，及後編劇刻意加入白蘭地，以兩款酒的價格來比喻角色的貧富身分，促使酒與角色形成相互對應的象徵系統。電影賦予水酒與白蘭地的內在意義，並非單由李鐵所建立，而是依據當時社會的共同印象所轉化而

成的。50年代，喝白蘭地是時尚的表現[6]，每瓶需花費十多元至三十多元不等，相對當時月薪只有百多元的工人，已算是相當奢侈。反觀大眾化的水酒，價錢較為低廉，如一瓶茅台只售7元，而酒莊亦提供散買服務，每両米酒只需兩毫，若以瓶裝白蘭地的分量計算，一瓶水酒不過售數元。水酒與白蘭地的價錢相差數倍，由此可知，兩批飲用者的財富存在明顯差異。導演捕捉到飲料與用家的關係，將此連繫到角色之上，以貴價的白蘭地象徵大班夫婦，廉價的水酒代表貧窮的他者，飲料變成貧富對立的身分標記，隱隱區分出屋內的兩幫勢力。口味與身分的差異，成為矛盾產生的基礎，加上大班挑剔勢利的性格，令雙方的衝突逐漸加深。大班斷然拒絕三姑倒酒的好意，是他抗拒接納窮人的先兆，大班埋怨「水酒不能飲」，像在訴說「窮人不可接受」的主張，及後大班拿出「自己」的白蘭地，就像在展示「自身」的富有標誌，重申自己與他人的分別。

貧富分界釐清以後，導演選擇以大班與玉芳作為例子，從反正兩面灌輸「互助」的思想，當中食物變成導演手中的尺子，用以量度電影角色，區分片中的「貧富」與「是非」，從而續寫大班與玉芳的迥異命運。50年代的倫理片，說教

---

[6]　參鄭寶鴻著，《香江知味：香港的早期飲食場所》（香港：香港大學美術博物館，2003），頁185。

味濃，片中貧富的二分和矛盾在所難免，雙方的命運亦注定走向極端，作為反派的大班自脫離「大家庭」以後，下場注定悲慘。在導演「互助」的中心思想下，大班破壞「危樓」中的和諧，無疑是踏上了歧途。壽宴中，當大班知道菜式只是廉價的家鄉小食，立即決定與妻子離席。電影以食物的取捨來說明大班的意向，他嫌棄桌上的食物，等同放棄融入「大家庭」的機會，他斷絕與窮人的交往，亦令自己喪失等待「春曉」來臨的資格。大班被「大家庭」摒除的處境，於第二次飲食的群戲當中，導演已有清楚的交代。這一場講述二叔賣血賺錢回來，邀請同屋主食蘿蔔牛腩，唯獨沒有理會在場的大班。大班激烈的對抗行動，令原本寬宏大量的窮人變得「貧富分明」，他們視大班為「異類」，完全無視大班的存在。

電影運用景深以加強大班被孤立的感覺，鏡頭先以中遠鏡展示屋內的環境，飯桌置於前景，大班、白瑩與羅明則在後景，畫面的前、後景雖然同樣清晰，但鏡頭明顯將焦點放於前鏡，著力描寫貧窮的一方。飯桌旁的眾人向白瑩與羅明招手叫喚，兩人走往前景參與，大班則反方向往後景離開。食物作為明顯的分界，大班遠離飯桌與窮人，表明已獨立於「大家庭」以外，亦與窮人劃清界線，大班從此失去融入的機會，成為徹頭徹尾的「異類」，因此亦注定

走上反派既定的「不歸路」。隨後電影的場面調度隱示了貧富雙方的結局，白瑩與羅明走向鏡頭，將大班完全遮蓋，窮人打倒富人，互助壓倒自私。導演為反襯窮人「互助」的重要性，最終選擇以激烈的手法呈現大班的下場。片末大班本已逃出將要倒塌的危樓，但為取回借據，重回家中，最終死於瓦礫之下。導演將大班連同所象徵的勢利、自私一併摧毀，為電影帶來有力的反面例子。

　　從大班對食物的取捨，已可預視他最終的命運。同樣，於食物的引導之下，起初未能歸類的玉芳，最終投向貧窮的陣營，改寫了自身的命運。片中玉芳從鄉下來港，因失業而投靠表姐（大班妻子），後同住於「危樓」當中。以血緣關係而論，玉芳應歸入富人陣型，但以遭遇、身世區分，則較近於窮人，玉芳處於貧富間的斷層，電影亦有對應的尷尬場面。於壽宴一場，大班夫婦離開後，玉芳獨自站在一旁，既沒離開，亦沒加入宴席。玉芳受大班夫婦接濟，與他們接觸較多，初時稍微傾向富有的一方，所以當大班夫婦雙雙消失，玉芳頓失倚靠。片段中，導演以景深的遠近突現玉芳無助的處境，前景的宴席作為窮人的勢力範圍，玉芳礙於身分的矛盾，不敢謬然加入，只好站於後景遠望。大班夫婦的離開，令「危樓」中貧富勢力失衡，景深的運用刻意將玉芳孤立，並以遠近、寡眾作對比，展示玉芳夾於

貧富裂縫間，所面對的兩難局面。

於導演強行二分的手段下，貧富雙方的下場迥然不同。由此而論，倚靠親戚的玉芳，於富人既定命運的驅使下，必定不會有好結果，但電影中的玉芳本性善良，樂於助人，加上她貧窮、失業的處境，電影理應將她置於窮人的一方，給予她較好的結局。因此，於貧富衝突時，編劇刻意將玉芳孤立於戰場以外，為她製造「棄暗投明」前的過渡環境，隨後編劇以食物作為媒介，引導她進入窮人的「大家庭」。片段中，梁威發現遠處的玉芳，對她邀請說：「阿芳過來吧，他們（大班夫婦）不吃，妳可以吃的。」於電影的整體而言，食物的「吃與不吃」，固然是勢力「加入與否」的對應，但單在玉芳的層面上，食物則變成窮人招攬的媒介，亦引發她與富人的關係割裂。玉芳一直認為自己與窮人之間存在矛盾，但梁威的說話產生了身分驅別的作用，將「她」（玉芳）與「他們」（大班夫婦）分開，明顯表示在窮人眼裏，玉芳是處於富人勢力以外。再者，說話中的「吃」與「不吃」實際是極端的選擇，編劇借梁威的說話迫使玉芳抉擇。玉芳因飲食而解決了矛盾的身分問題，隨即加入宴席，投向貧窮的一方。

飲食不單成為拉攏的手段，亦是加入窮人勢力的一種儀式，玉芳一經表態，就算日後仍需活於富人的控制之下，

甚至被迫重投富有陣營（大班姦污玉芳，將她納為妾），玉芳自主選擇的貧窮身分依然存在，因此她最終亦如其他窮人一樣，等到「春曉」的來臨。玉芳能夠脫離富人的操控，過程驚險萬分，她兩次臨近死亡邊緣，幸得窮人的幫助，加上自己樂於助人的情操，最後才得以保命。玉芳被污辱後，被大班納為妾，處處遭夫婦兩人欺凌，玉芳痛不欲生，本想自縊求死，幸得二叔發覺，並及時阻止，玉芳才不至殞命。另外，於「危樓」欲塌時，原已逃離的玉芳受大班吩咐，再次返回屋中拿取放貸的借據，玉芳於途中與準備離開的窮人相遇，她為攙扶臨盆在即的威嫂而放棄取回借據，玉芳因此被大班夫婦趕走，同時逃過「危樓」倒塌的災劫。電影雖無明確交代玉芳的結局，但她最終脫離了富人的控制，而且得到貧窮一方承諾照顧，可算是得到再生的希望。玉芳的助人自助與大班的自私自利形成強烈對比，兩人殊異的命運展示了善與惡的不同下場，再次闡明「互助」精神的重要性。

三、《南北一家親》：蘿蔔糕與小籠包的對立

《南北一家親》同樣包含飲食元素，甚至以飲食為題材，編導刻意採用富地域特點的食物，以凸現「南北」兩地

的矛盾。《南北一家親》的飲食情節，多少受《南北和》所影響，只要細探兩片的異同之處，便可知道《南北一家親》的傳承與規限。60 年代初，電懋前後製作了三部以「南北」為題的系列電影，分別是《南北和》（1961）、《南北一家親》（1962）及《南北喜相逢》（1964）。當中以《南北和》與《南北一家親》最為類近，甚至可以說後者是前者的翻版，南方的梁醒波大戰北方的劉恩甲，加上兩對年輕情侶的南北錯配，雙方胡鬧一番後最終都能言歸於好，從題材、情節到演員，兩齣電影的處理大致一樣，不同的只是故事的發生地點，從原本相鄰的洋服店轉移至一街之隔的酒樓。《南北一家親》由王天林執導，張愛玲作編劇，故事講述南方人沈敬炳（梁醒波飾）與北方人李世普（劉恩甲飾）因事結怨，敬炳的「南興酒家」與世普的「北順樓」僅一街之隔，其後二人積怨日深，恰巧兩人的兒女雙雙墮入愛河，兒女面對父輩的爭執，唯有商量計策，令敬炳、世普最後能冰釋前嫌。《南北一家親》以食肆為背景，食物的運用固然較多，象徵意義亦更深遠。

　　《南北一家親》選擇以飲食來展示南北矛盾，其實與當時的飲食文化不無關係。50 至 70 年代的香港，南、北兩方人於生活、口味上，均未能達至融和，南來的上海人帶來道地的飲食文化，與本地的廣東菜截然不同，造成南、

北菜館分家的局面，就如片中「南興酒家」與「北順樓」的情況一樣。若細心留意，「北順樓」兼售的大閘蟹與小籠包，本屬南方菜系的上海菜，但對當時身處南方的香港人來說，只要是廣東以北，無論上海或北京都一概統稱為北方，加上電影要製造明顯的二分效果，因此上海菜一併被稱作「北方菜」。《南北一家親》中對立的飲食環境，多少參考了當時的現實情況，再加以發揮，用食物將南、北兩方人劃分開來。電影開首，食物已發揮開宗明義的作用，帶出導演想要探討的「南北」問題。片中世普與友人到「南興酒家」用膳，結賬時因鮑魚的價錢而跟敬炳爭執，各不相讓。食物的好壞、貴賤全屬個人的判斷，編劇安排蠔油鮑魚的出現，就是要雙方面對相同的食物，表達各自的意見，展示「南北」兩種不同的價值觀。鮑魚成為兩人接觸的媒介，引發南北衝突，開展後續更大的矛盾。爭論過後，世普一怒之下開辦「北順樓」，與敬炳的「南興酒家」形成對峙，中間分隔的街道變成楚河漢界，彼此各據一方，不時使計弄謀，甚至短兵相接，形成一場南北飲食的攻防戰。編劇先以一道菜觸發雙方的口角，從而推演到商場上的競爭，由思想分歧轉移到實際鬥爭，「南北」衝突由此逐步加深，亦愈見明顯。

敬炳、世普的衝突源自「南北」的文化差異，兩人的文

化愈是根深柢固，雙方的矛盾便愈見激烈。起初，兩人因小事爭執，世普看不過敬炳的經營手法，一言不合，便開設食肆與之競爭，敬炳雖然面對挑戰，依然從容不迫。世普因賭氣而作出的商業對抗，未免過於小題大作，甚至不合情理。敬炳面對突如其來的商業競爭，仍能處之泰然，亦放心得有點過分。表面看來，這段情節的推演稍為過快，像是刻意引出「北順樓」，使之與「南興酒家」形成對立，但若抽出個別元素仔細分析，就能解讀編劇的精心安排。片段中，世普的行為看似魯莽，但換轉角度看，是他對自己和食肆有極大信心。同樣，敬炳無視世普的威脅，亦是自信所使然。敬炳、世普的情節就如相同的算式，當中角色、食肆與信心是重複出現的元素，只要釐清三者的關係，就能明白編劇的意圖。酒樓的「南北」取名其實已是重要提示，角色來自「南北」兩地，食肆提供「南北」口味，敬炳、世普對自己和食肆的信賴，明顯受到背後「南北」文化的支持。由此可知，編劇為食肆取名以前，已為整齣電影定下「南北」二分的前題，而往後的所有安排都以此為目標，而敬炳、世普的異常行徑，根本是源於對「南北」文化的極度信賴。角色、食肆與地域連成兩條平行線，敬炳、世普背負上「南北」的名義，酒家變成「南北」對峙的縮影，這些元素被賦予內在意義，為「南北」逐步的二分埋下伏線。

於「南北」的對立之下，電影逐漸聚焦到傳統食物之上，進一步彰顯敬炳、世普擁護各自文化的極端程度。酒樓作為「南北」兩地的象徵，傳統食物就如當中的文化精髓，電影借食物與角色的片段，加強敬炳與世普的獨特性，將兩人分別塑造成「南北」的典型人物。電影以蘿蔔糕作為南方食物的代表，是有所根據的，蘿蔔糕源自廣東潮汕地區，是南方人的傳統食物，客家語將白蘿蔔喚作「菜頭」，故蘿蔔糕又名「菜頭粿」，各家各戶每逢過年都會蒸製，取其「彩頭」之義。電影隱去蘿蔔糕喜慶的含義，凸出其地方性的象徵意義，正因如此，蘿蔔糕變成清文混淆父親的道具。片中敬炳憎恨北方人，規定兒子清文不能與北方女子交往，唯清文的女友正是世普的女兒曼玲，二人為瞞騙敬炳，決定要曼玲假扮南方人。清文為應付敏感的父親，語言上已作好準備，曼玲熟練的廣東話成功解除第一道屏障。及後，清文想到用最具南方特色的蘿蔔糕，作為曼玲送予敬炳的見面禮，借此掩飾曼玲的北方身分。為令父親信服，清文甚至用上自家酒樓的出品，確保味道如一，萬無一失。怎料敬炳要來一場現場測試，要求曼玲即席蒸造蘿蔔糕，幸而她靠手袋中的《食譜大全》，最終都能順利過關。清文從語言、文化出發，雙管齊下，成功是可預期的，主要是他知悉父親核心價值的所在，懂得以道具配合。敬炳作為南

方文化的守護者，傳統當然最為重要，曼玲以蘿蔔糕作見面禮，不單是投其所好，亦借機表現對南方文化的認識，隱去自己的北方身分。曼玲懂得製造傳統的蘿蔔糕，看在敬炳眼裏，就如掌握到南方的文化精髓，因而敬炳才一口咬定曼玲不可能是北方人。蘿蔔糕的出現，正好展示敬炳對南方文化的堅守，亦同時成為兒子詭計成功的最大提示。

在南北矛盾的前題下，於南方出現的元素，北方必定有相互的對應，敬炳派出特色的蘿蔔糕，世普則以道地的小籠包與大閘蟹還擊。小籠包以上海南翔[7]的最著名，《民國嘉定縣續志》載：「饅頭有緊酵松酵兩種，緊酵以清水和面為之，皮薄餡多，南翔製者最著。」[8]大閘蟹同樣是來自上海，兼具濃厚的北方色彩。1949年，中國邊境封鎖，出入口受到限制，當時大閘蟹未於香港流行，更遑論出售，因此令不少北方人患上「單思病」。於50年代初，南來的食肆老闆為解「相思之苦」，派專人不斷往來上海，用火車運來一批批的大閘蟹，漸漸蟹黃的美味造成「外省吃的文化

---

[7] 南翔鎮屬嘉定區，位於上海市。

[8] 見范鍾湘、陳傳德修；金念祖、黃世祚纂，《民國嘉定縣續志》，卷五，物產，頁53。載於盧建幸輯，《中國地方志集成》（上海：上海書店，1991），上海府縣志輯八，頁794。

侵襲」[9]，小籠包、大閘蟹逐漸成為北方飲食文化的標誌。來自上海的張愛玲，於電影中運用北方的飲食元素，當中隱含豐富的象徵意義，「北順樓」門口豎著大閘蟹的招牌，世普為拉攏客人而贈食小籠包，可能只是她順手拈來的北方記憶。小籠包和大閘蟹都具有明確的地域特點，世普以這兩種食物來推廣「北順樓」，就如在展示無從替代的北方文化。總括而言，蘿蔔糕、大閘蟹和小籠包都具有顯著的代表性，電影藉三款食物與地域的密切關係，加強角色的獨特性，展示彼此的文化底蘊，令世普與敬炳成為南、北的典型人物，從而形成雙方極端的矛盾。

《南北一家親》大量運用飲食元素，從故事背景到個別象徵，都與南北有所對應，但唯獨電影的後半部，飲食元素幾乎完全消失。單以電影情節而論，實在難明所以，但若追溯到南北系列的創始電影《南北和》，並將《南北一家親》與之對看，便會發現一小段極為相似的情節，這不單成為兩片連繫的標記，亦是《南北一家親》飲食元素突然消失的原因。《南北和》的尾段，當「南北」矛盾消解後，大家到日本餐廳用膳，席間，南北雙方對桌上的日式牛肉火鍋（Shabu Shabu）提出意見，三波（梁醒波飾）認為是廣東人

[9] 見吳昊著，《飲食香江》（香港：南華早報，2001），頁158。

的「打邊鑪」，四寶（劉恩世普飾）則說是北方的「涮鍋子」，相同的食物，引發「南北」兩種不同詮釋，這與《南北一家親》中鮑魚惹起爭執的情節十分近似，分別只在於日式牛肉火鍋換上蠔油鮑魚，但當中所呈現的「南北」分歧仍是一樣。《南北和》的結尾變成《南北一家親》的開首，兩片的延續性極為明顯，而《南北一家親》後段飲食元素的消失，或許就是因為這段情節的相似。前文已提及過，《南北和》與《南北一家親》的演員、角色及故事架構都很類近，加上這飲食片段的重複，若《南北一家親》再次以飲食場面或橋段作結，便會予人重抄舊作的感覺。張愛玲為避免這種情況，被迫棄用一直鋪陳的飲食環境，隨之飲食元素消失，以致電影失去連貫性。編劇未有好好處理這個問題，以致往後劇情的發展欠缺主線，最後更草草收筆，將敬炳、世普日積月累的新仇舊恨一併推到妻子身上，兩人隨即言歸於好，「南北」矛盾就此消失，節奏急速、突兀。反觀《南北和》的結局鋪排得更有意思，「南北」言和後的日式飯局起了畫龍點睛的作用，進一步肯定彼此的融和。最後編劇安排三波與四寶的洋服店合併，取名「南北和」，不但具有象徵意義，而且實踐了南北共融的理想。《南北一家親》礙於情節的類近，規限了飲食元素的發展，實是可惜。若然《南北一家親》能摒棄《南北和》的限制，甚至大膽引用《南北和》的

結局，將「南興酒家」與「北順樓」合組成混合式酒樓，這樣不單情節能夠前後貫穿，飲食元素更可發揮得淋漓盡致，而南北飲食文化的融和，亦能成為當時飲食潮流的指標，於電影及文化角度來看，意義都更為深遠。

四、《小兒女》：蟹螯引發的兩代矛盾

《小兒女》同樣以蟹作為道具。電影先以螃蟹推演情節的發展，為家庭成員帶來衝擊，從而引發潛藏的兩代矛盾。父親續弦前後的兩次食蟹場面，展示了兒女情緒與面貌上的轉變。《小兒女》同樣是導演王天林與編劇張愛玲的作品，故事講述教師王鴻深（王引飾）妻子早逝，女兒景慧（尤敏飾）為照顧幼弟景方（鄧小宇飾）與景誠（鄧小宙飾），被迫放棄繼續升學。一日，景慧重遇同學孫川（雷震飾），兩人多次約會後，感情突飛猛進，鴻琛得知女兒與孫川相戀，盟起續弦的念頭。景慧得悉父親與同事李秋懷（王萊飾）交往，深怕後母為難幼弟，忍痛與孫川分手，打算獨力撫養幼弟。兄弟抗拒後母的情緒日強，踫到父親與秋懷約會，二人大吵大鬧。轉折間，兄弟走到母親墳前哭訴，結果被困，眾人四出尋找，秋懷最終找到兄弟二人，他們對秋懷敵意全消，眾人欣然回家。

張愛玲的北方飲食情結，本可在《小兒女》中得以延伸，她原以大閘蟹作為戲中的道具，但最後王天林以合理性為由，將串連的大閘蟹改為竹籠裏的螃蟹 [10]。王天林同是南來的上海人，當然明白大閘蟹的北方意義，但於《小兒女》當中，蟹用作連繫景慧與孫川，蟹本身的象徵意義派不上用場，反而蟹螯「鉗制」的本領更具作用，故此王天林以蟹螯較大的螃蟹取代大閘蟹，亦選用空間較寬的竹籠作容器，好讓蟹螯更易「命中目標」。電影開首講述景慧於巴士上，為避開流氓的非禮，無意間走近孫川。景慧、孫川都沒有注意到對方，突然景慧驚愕一下（被孫川手拿的螃蟹夾到），打了孫川一巴掌，孫川一臉無辜，二人於爭論間相認。車廂這場戲，螃蟹成為劇情觸發的媒介。電影先藉流氓的來犯，迫使景慧走近孫川，令她合理地走進與孫川相遇的佈局，同時為兩人的接觸提供充分理由。電影運用螃蟹對景慧的「侵擊」，將她與互不注意的孫川連繫起來，由此引發的誤會，成為兩人初步相認的橋樑。及後，電影進一步運用蟹螯「夾」的特性，為景慧、孫川製造交流的機會。當景慧得知孫川的身分，螃蟹再次夾住景慧的裙子。景慧

[10] 參羅卡，〈管窺電懋的創作／製作局面：一些推測、一些疑問〉，刊於黃愛玲、何思穎輯，《國泰故事》（香港：香港電影資料館，2002），頁80。

再次誤會孫川，轉身就走，孫川不得不追上去（螃蟹仍未放手），景慧以為他死纏，便開口怪責。接著，孫川指出螃蟹才是元兇，氣氛才瞬間緩和，兩人開始訴說近況。第二次誤會本已令景慧拂袖而去，這時導演再次發揮蟹螯的功能，以維持兩人的距離。電影以特寫與跟攝鏡處理竹籃中的螃蟹，交代兩人糾纏的原因，帶出螃蟹於兩人之間的重要性。關於螃蟹於《小兒女》中的作用，影評人邁克已有相關論述：

> 然而大閘蟹不都包紮得結結實實麼，怎麼《小兒女》的橫行公子可以張牙舞爪，達成權充媒人的使命？會不會其實另有曲折的隱筆——陽澄湖特產市場上找不到，就地取材買了普通的螃蟹聊慰思鄉情切的胃？[11]

邁克嘗試以地域文化的角度猜想螃蟹的用途，這樣解讀並無不可，但單就電影而論，將螃蟹當作「媒人」的角色更為貼切，片中螃蟹一邊跟隨景慧的活動，一邊牽引孫川的行為，就像月老的紅線將兩人緊緊相連，迫使孫川硬著頭皮追上去，無形中給予他解釋的機會，令雙方有更深入的了解。

螃蟹作為「紅線」的功能，不單連繫景慧、孫川兩人，

---

[11] 見邁克，〈天堂的異鄉人〉，刊於黃愛玲、何思穎輯，《國泰故事》（香港：香港電影資料館，2002），頁 209。

更將孫川帶入景慧的家庭。巴士上，兩人未能令蟹螯鬆開。景慧先到站，孫川只好跟著下車。下車後，問題仍未解決，最後兩人唯有先到景慧家。螃蟹的「堅持」，驅使孫川逐步進入景慧的生活，兩人從擦身而過到巧遇重逢，由誤會到互訴近況，場景從巴士轉移到景慧的住處，當中螃蟹都起著令劇情轉折、延續的作用。兩人回家後，電影再次以特寫鏡交代蟹螯鬆開的一刻，表示螃蟹作為「紅線」的功能就此結束，雖然如此，但由螃蟹所引發的後續影響仍然存在。孫川到了景慧家，自然有機會遇上景慧的家人——兩個弟弟與父親，電影刻意安排他們與孫川見面，目的是為景慧、孫川的相戀製造合理性。兩人相遇、誤會、原諒和了解，正是愛情萌生的階段和要素，加上景慧家人對孫川的好感，排除了家庭反對的主要因素，切合景慧以家庭為先的角色性格。電影於數個場景中，均安排與螃蟹有關的細微佈局，為景慧、孫川的相戀定下合理的前提。另一方面，孫川的介入令景慧的家庭產生巨大變化。景慧的父親鴻琛早有意與秋懷結婚，但考慮到兒女的接受能力，故遲疑未決。孫川與景慧的火速相戀，令鴻琛方寸大亂，他擔憂女兒結婚後幼子沒人照顧，從而警覺到續弦的迫切性，由此希望儘快與秋懷結婚。父親有意續弦，看在景慧眼裏卻是另一回事，她考慮到父親另建新家的負擔問題，亦怕後母虐待幼

弟，本想與孫川結婚後跟弟弟一起生活，但她不想孫川因賺錢而放棄學業，所以最終決定獨力撫養弟弟。孫川的出現間接迫使景慧與鴻琛作出決定，雖然大家同樣為對方設想，但兩人卻逐漸走向極端，而看似被動的兩兄弟，其實主導著家事的決定權，他倆不欲放棄或加入其中一方，最後造成兩代之間的不協調。螃蟹作為電影中的道具，起了不可或缺的作用，它雖然沒有直接介入當中的矛盾，卻變成投石入湖的媒介，令景慧的家庭泛起陣陣漣漪。

螃蟹引發的後續影響，形成父輩與孩子間的兩代矛盾。衝突由父親的續弦行動與兒女抗拒後母的思想所構成，片中兩場食蟹場面的對比已展現出矛盾產生的端倪。以景方、景誠為例，電影中，首次出現食蟹的場面是在孫川到景慧家以後，兄弟二人看見孫川意外拿來的螃蟹，以為可以大快朵頤。孫川見兩人雀躍的表情，決定翌日再帶螃蟹到來，孫川離開的鏡頭溶接桌上已煮好的螃蟹，隨後孫川與景慧一家開始用膳。第二次食蟹的場景是在兒女知道父親有意續弦之後，三人在談論父親與準後母的事，景慧打算到離島工作，並帶同幼弟一同前去，可惜計劃因兄弟二人不願離開父親而擱置，景慧為此而煩惱，恰巧父親回來，鴻琛提著螃蟹欲逗兄弟歡喜，但兩人沒有回應，苦著臉轉身走開，直到食蟹的時候，兩人仍是不作一聲。於兩個食蟹的場景，

單看兄弟二人的表情，已可知父親續弦一事對他們的影響。第一次，當兄弟得知孫川會拿螃蟹到來，兩人立刻高興得大叫大嚷。相反，父親買螃蟹回來，兩人卻變得默不作聲，電影透過相同情景的對比，表達兄弟二人的內心情緒，突顯他們對父親續弦的憂慮。兄弟面對準後母秋懷所帶來的恐懼，於用膳時已作出輕度的反抗。父親邀約他們回校看球賽，兄弟心知在那裏會遇上秋懷，故刻意埋頭食蟹，不作回應。父親本也覺得莫名其妙，但看到妻子的遺照換上風景畫，便明白是因自己續弦而起。兄弟由原先口頭上的反對，到餐桌上的無聲抗議，其實已有行動升級的先兆，只是兩人仍不敢當面反抗。父親面對兄弟二人的不安，一直抱持著逃避的態度，沒有給予他們正面的紓解，以致兩人對秋懷的成見日深，造成難以消除的矛盾。及後，當兄弟得知父親確實要結婚時，父子間的衝突旋即爆發，兄弟在秋懷面前高聲反對她成為後母，父親以嚴厲的斥責還擊，更趕走兄弟二人，由此父子間的衝突一發不可收拾。

景慧與父親之間思想上的矛盾，不像父子間的衝突那麼顯而易見，兄弟二人年紀尚輕，電影藉他們口直心快的本性，就能以數個場面清楚交代父子間的衝突，但作為長女的景慧，年齡較大，而且身兼母職，思想更為成熟，想法往往藏於心內，電影抓緊景慧的這點特性，轉移以細微的

動作、表情顯露她內心的掙扎和思想。景慧為顧及弟弟和孫川的前途，特意藉謊話與孫川分手，所以於第二次食蟹的場面，唯獨孫川沒有出現。父親問及孫川近況，景慧推說他正在忙，父親叮嚀玩弄螃蟹的幼弟（與第一次食蟹前景慧所說的一樣），隨後景慧拿起螃蟹的竹籠沉思。景慧的躊躇，表達了她對孫川念念不忘的感情，但接著景慧的抽身離開，則是她忍痛放棄愛情的隱示，片段中景慧細緻的表情變化，顯露了她在家庭與愛情間取捨的內心鬥爭。女兒為家庭選擇不嫁，父親卻為家庭而決定續弦，電影刻意安排父親於同一日向秋懷求婚，是為了同時實行父女二人的想法，藉此將兩人的矛盾擴至最大。

　　兩代矛盾的產生，主要是由兒女對後母的抗拒所引起，電影最後以他們誤會的消除，作為化解矛盾的方法。兄弟二人得知父親再婚，走到亡母墳前哭訴，最後被困，幸得秋懷所救，兄弟被受感動，解除了心中的誤會。當景慧得知父親娶的是秋懷後，發覺自己在離島找工作時已見過她，當時彼此曾互相勉勵一番，景慧知道秋懷的為人，最終亦接納了她，還希望秋懷答允嫁給父親。電影中，螃蟹出現的場面雖然不多，但已足夠影響各人的命運，並用以交代角色前後的不同心態。從食物衍生出的兩代矛盾，是由於彼此溝通不足所致，各人都一心為家庭著想，導演為電影安排完滿的結

局，可說是對角色的一種肯定，亦是合乎情理的安排。

五、結論

　　食物的紛繁多樣，正好用以說明倫理片中的複雜矛盾。飲食背後的不同意義，提供了各種解讀電影的提示，無形中為電影增添色彩。《危機春曉》中飲料價格的差異，擴大了貧富間的矛盾。由食物充當的貧富指標，隱示了角色的不同下場。《南北一家親》以富地域色彩的食物，塑造典型的「南北」角色，突顯雙方的對立。片中的飲食元素受到《南北和》影響，以致劇情有好壞參半的發展。《小兒女》中飲食元素的更替，說明導演對食物的嚴格挑選，食物不單主導情節的走向，電影更透過飲食場面的對比，帶出角色表情、心態上的不同，清楚展示兩代的矛盾。飲食的歷史、文化以及象徵意義，分別呈現倫理片中三種不同的矛盾，透過追溯食物的源流，可更容易理解片中衝突的產生過程和原因，由此亦能對整齣電影有更深層的體會。

參考書目

專書

吳昊著，《香港電影民俗學》，香港：次文化堂，1993。

吳昊著，《飲食香江》，香港：南華早報，2001。

余慕雲著，《香港電影史話（卷三）—— 40 年代》，香港：次文化堂，1998。

余慕雲著，《香港電影史話（卷四）—— 50 年代（上）》，香港：次文化堂，2000。

余慕雲著，《香港電影史話（卷五）—— 50 年代（下）》，香港：次文化堂，2001。

周星馳的 fan 屎著，《我愛周星馳》，台北：商周、城邦文化事業股份有限公司，2004。

香港市政局編印，《50 年代 語電影回顧展》，香港：市政局，1978。

香港市政局編印，《第六屆香港國際電影節：60 年代 語電影回顧》，香港：市政局，1982。

香港市政局編印，《第十屆香港國際電影節：粵語文藝片回顧》，香港：市政局，1986。

香港市政局編印，《第二十屆香港國際電影節：躁動的一代：60 年代片新星月》，香港：市政局，1996。

香港臨時市政局編印，《第廿二屆香港國際電影節：超前與跨越：胡金銓與張愛玲》，香港：臨時市政局，1998。

黃愛玲輯，《現代萬歲：光藝的都市風華》，香港：香港電影資料館，2006。

黃愛玲、何思穎輯，《國泰故事》，香港：香港電影資料館，2002。

鄭寶鴻著，《香江知味：香港的早期飲食場所》，香港：香港大學美術

博物館，2003。

劉蜀永主編，《簡明香港史》，香港：三聯書店（香港）有限公司，1998。

盧建幸輯，《中國地方志集成》，上海：上海書店，1991。

鍾寶賢著，《香港影視業百年》，香港：三聯書店（香港）有限公司，2004。

戰後香港的飲食影像：
以 1950、60 年代香港電影為研究核心

一、前言

　　回顧上世紀 50、60 年代的香港，飲食文化雖不如現在的多采多姿，但已漸見各地飲食匯粹的初形，當時香港為英國殖民地，文化與物資的流通有很大自由度，各地的菜式和食物因而有機會引進香港。英國於香港殖民為香港人帶來接觸外國飲食的契機，同時為各地的飲食文化提供發展的平台。自 19 世紀開始，英國的殖民統治讓世界各地的商旅能駐足香港，由此打開香港對外的溝通渠道，文化透過不斷的往來，相互交流，香港人因而能夠接觸各國文化。飲食是人類基本的生存條件，隱含道地特色與個人口味，飲食文化隨各地的人流傳到香港，或被接受，或受排斥，於香港的街頭陋巷到酒店餐廳，都能尋得異國飲膳的足跡。於 50、60 年代，戰爭與遷移同樣影響香港的飲食文

化。40 年代中期開始的第二次國共內戰，引發持續的遷移潮，大量中國大陸的居民南遷香港，帶來勞動力、財富，以及飲食習慣，當中包括道地的家鄉風味，以及早已傳入的洋化西餐。部份聚居香港的移民，形成具有不同口味的社群，各式菜館相繼開立，建構粵菜以外的飲食文化。雖然當時香港已有不少中西各地的菜式、食肆，但 50、60 年代的香港社會，仍是以粵式飲食為主。於英國殖民以前，香港本屬廣東省轄下，一直流傳粵式的飲食文化，即使後來受到英國的殖民統治，香港與廣東省為鄰，粵式的飲食文化仍對香港有持續且深遠的影響。受到二次大戰所牽連，戰後香港人的生活十分艱苦，「市面貨物奇缺，物價飛漲，尤其是糧油食品、燃料等生活必需品更是緊缺。人民生活極度困難。」[1] 50 年代初，香港的經濟雖漸見起色，卻剛遇上韓戰爆發，當時香港作為英屬的轉口港，貨物的往來被限制，以致經濟再度疲弱，就當時香港的實際情況，學者劉蜀永提到：

> 禁運使戰後出現轉機的香港經濟受到沉重打擊。轉口貿易衰退，商業蕭條，企業大量倒閉，失業人數劇增。1951 年，香港已出現貿易凋零的現象，1952 年，有關的情

---

[1] 許錫揮、陳麗君、朱德新，《香港跨世紀的滄桑》，頁 227。

況更為嚴重。[2]

　　香港的百業蕭條，令不少香港人難以維持生計，當時
「一張床位可以住一家五口。半斤米碎，兩塊腐乳，可以支
持一餐。」[3]，窮人只能以廉價的食物依賴以為生，即使他們
能暫時脫離貧困，但由於收入低微，日常接觸的仍然是粵
式飲食。當時的香港電影也有相對應的片段，如《可憐天下
父母心》（1960）中的一家幾口，於收入較穩定的日子，可
於過年的時候，在家裏辦一場粵式外燴宴請親友。但當丈
夫失業，家庭陷入財政緊拙，一家人唯有以腐乳、咸蛋下
飯。電影《危樓春曉》（1953）中，也出現生活拮据的狀況，
數名背景不同的香港人，租住在同一層的板間樓房，當中
的教師羅明（張瑛飾）與舞女白瑩（紫羅蓮飾）想於樓房中
合設生日宴，原本預算以乳豬、鮑翅待客，卻因遭逢失業，
加上借錢不成，只能以牛丸、魚蛋、炒粉麵等粵式小菜頂
替。50、60年代，香港人的飲食以粵菜為基礎，因此粵式
飲食與基層市民的關係最為密切，但同時各地美食已逐漸
流入香港，並持續發展，這不單對粵菜造成影響，當中亦隱
含不同的意義。當時香港的飲食文化已漸見璀燦，要深入

---

[2]　劉蜀永主編，《簡明香港史》，頁323。

[3]　劉蜀永主編，《簡明香港史》，頁333。

了解香港人的飲食習慣，可嘗試從相同時代的電影入手。電影作為光影與聲音的記錄，可以是現實生活的反映，但同樣是藝術性的創造，影片中保存大量與飲食相關的寶貴資料，透過探討 50、60 年代的香港電影，可從中勾勒出各異的飲食影像，進一步了解殖民、戰爭與遷移對香港飲食文化的影響。

二、西餐——時髦與富貴的混合

香港早期的西式飲食，與英國殖民有直接關係，當時香港人吃西餐，只能到大酒店內的西餐廳，店內的裝潢、餐具保留西方韻味，提供的食物「純粹是英國式的」[4]，而且價錢十分昂貴。這類貴價的西餐廳，將英式的飲食文化移植到香港，雖然並非普羅大眾所能負擔，但已為香港人帶來嘗試西餐的機會，亦於他們的腦海留下西餐的印象。英國殖民香港以後，有更多各國的西餐流入香港，當時的西餐廳仍是以洋人為目標顧客，但隨著二次大戰的影響，西餐得以普及於大眾層面，吳昊於《飲食香江》中，提到箇中原因：

---

[4]　吳昊，《飲食香江》，頁 66。

太平洋戰爭爆發，香港淪陷，大部份的洋人都給關進集中營了，那些大酒店、大餐廳，本來做洋人生意者，落得個水靜河飛，於是他們痛定思痛，改變方針，大開中門向華人招手。[5]

香港人接觸西餐、洋食的機會增多，逐漸受西方的飲食文化所影響。50、60年代，香港人對西方飲食有不同程度的認識，他們未必都能享用西式食物，但對西餐已有印象或想像。香港電影同樣有類似的飲食情節，探討當中不同年齡、階層的角色與西方飲食的關係，更能了解50、60年代西餐於香港人心目中的形象。

父輩掩飾身分的技倆

50、60年代的香港，西方飲食迅速發展，不免會為香港人帶來影響。當時較年長的一輩，飲食一直以粵菜為主，他們的飲食文化與口味已經根深柢固，探討他們對西餐的接受程度與看法，可了解這一年齡層對西方飲食文化的普遍印象。參考當時的香港電影，可從中找到對應的角色，他們與西餐的不同關係，反映出西餐的各種用途與意義。

飲食於電影中所產生的化學作用各有不同，電影《父與子》(1954)中的生日蛋糕，正凸顯西式食物於香港的獨特

[5] 吳昊，《飲食香江》，頁84。

意涵。《父與子》講述父親吳冠成（張活游飾）望子成龍，後因自己被搶去晉升機會，刻意安排兒子蝦仔（阮兆輝飾）入讀貴族學校，以便蝦仔從小建立人際網絡，藉以攀附權貴，希望日後能有更好前途。可惜蝦仔出身平民，未能習慣貴族學校的生活，冠成亦因花費太多而陷入財困。最後，冠成覺悟，蝦仔返回義學，自己亦放下重擔。

電影中，冠成意欲從名字、衣著與學習環境等方面，改變蝦仔的生活，希望為兒子塑造富有的形象，令他更容易融入上流生活。冠成不惜將蝦仔從民間義學轉送到貴族學校，即使預支薪水、節衣縮食，也要為兒子訂造昂貴的校服。為幫蝦仔融入學校生活，冠成甚至模仿經理兒子「金福生」的名字，為「蝦仔」改名為「吳貴生」，只為聽起來更像上流社會的人。飲食方面同樣是冠成刻意改變的重要部份，他為蝦仔辦生日會，特意安排西式蛋糕，藉以提高兒子的身分，來迎合同校的富家子弟。如上文提到，50、60年代低收入或貧困的香港人，大都傾向於粵式飲食，片中冠成為蝦仔準備西式的生日蛋糕，明顯異於當時普遍的飲食習慣，亦不合乎他的收入與生活環境。《父與子》中蛋糕的安排，與食物的內在意義有直接關聯，片中第一次出現蛋糕，是蝦仔參加經理兒子金福生的生日會，福生家住半山豪宅，屋內全是洋化裝潢，傭人隨傳隨到，餐桌放滿英式餐

具，巨型的生日蛋糕更成為聚會的焦點。福生的生日會明顯將富有與洋化扯上關係，於當時的現實社會中，這兩點的確幾乎等同，而於飲食範疇上，情況亦相類近，「早年能吃得起『番菜』（案：當時上海人對西餐的稱謂）的人，至少有中等收入。」[6] 冠成希望兒子能與其他同學「打好關係」，所以為蝦仔辦同樣的生日會，但兒子同學的家境非富則貴，冠成於場地、餐具、傭人等各方面均無法改善的情況下，唯有於飲食上著墨，為蝦仔準備生日蛋糕，嘗試透過西式食物，提高自家的地位，藉以拉近彼此間的貧富差距，令蝦仔更易融入上流同學的圈子。雖然冠成一片苦心，但飲食只是生活的表象之一，將西式蛋糕置於一屋多伙的板間民家，始終格格不入，亦無法發揮象徵作用。因而富有的假象偽裝不成，更遑論被勢利、挑剔的富家子弟所接受，一切都變作冠成一廂情願的自欺行為。

西餐象徵富貴，是因為當時西餐較粵菜昂貴，所以食用西餐的人，要有中等或以上的收入，才可應付自如，由此西餐逐漸與富貴拉上關係，成為當時香港人的共同印象。富有人家促使西餐冠上富貴的意涵，他們從中真正得到的，是追上潮流的時尚身分，「吃『番菜』」在當時來說，是很時

---

[6]　徐錫安，《共享太平：太平館餐廳的傳奇故事》，頁113。

髦，達官貴人趨之若鶩。」[7] 西餐不單為香港人帶來新口味，更成為特別的身分象徵。電影《頭獎馬票》(1964) 中的吝嗇財主魏老爺，正是利用西餐來假裝時髦。

片中的財主魏老爺（姜明飾）負債累累，遇上自稱富豪的賈公子（石磊飾），魏老爺貪其財勢，欲嫁女招婿，借錢粉飾大宅，設宴歡迎。司機陳凡（張瑛飾）受命裝修，找來朋友幫忙。陳凡疏財幫助朋友，朋友回贈馬票一張，陳凡不收，更將馬票藏於新建的樓梯內。最後，魏老爺終發現賈公子是老千，正當好夢成空之際，得知陳凡中了頭獎。魏老爺想分得獎金，陳凡未有理會，更捐出一半獎金幫助窮人。

魏老爺雖已陷入財困，但為令賈公子留下好印象，亦怕被人取笑古老、不合潮流，所以不惜借錢粉飾家居，特意籌備西式宴會作歡迎，並將家中的裝潢、佈置轉為西式，可見洋化於當時是時髦的象徵。飲食作為宴會的重要一環，也需配合洋化的主題，魏老爺強迫廚師鑽研西式食譜，命其負責宴會膳食，中式廚師不得要領，即使通宵用功，亦只會做紅茶、咖啡和三文治，最後得朋友幫忙，才能順利完成。魏老爺指明要提供西餐，明顯是為求時髦、講求體面。

[7]　徐錫安，《共享太平：太平館餐廳的傳奇故事》，頁 113。

魏老爺大花金錢的偽裝行為，從環境、飲食著手，最後成功瞞騙老千賈公子，亦能騙過席上的數十名賓客。形象上，魏老爺運用洋化的元素，確實能夠帶出潮流的品味，可惜被騙的對象賈公子，本身就是招搖撞騙的大老千，以致魏老爺的努力，最終付諸流水。

魏老爺懂得以西餐作為追上潮流的手段，證明他深知西餐與時髦的密切關係，由此可反映出 50、60 年代香港人對西餐的印象。魏老爺食用西餐，並非純粹發自內心，更大部份是出於討好賈公子的機心，但從這間接的影響，亦能看到當時西餐所帶有的意義。回顧時代相若的電影，當中確實有真正愛好西方食物的人家，如《危樓春曉》中的黃大班（盧敦飾），他以放高利貸為生，算是較富有的一群，他於同伙設辦的宴席上，拒絕飲用廉價的中式水酒，堅決要拿出私藏的拔蘭地（brandy）。兩款酒於價格、種類、來源的差異，隱示屋內的貧富對立，當時「洋酒以拔蘭地為時尚」[8]，大班拿出洋酒的行徑，明顯為了凸現自己時髦、高尚的身分。50、60 年代，香港人接觸洋酒，部份是受到英國殖民所影響，當時「香港因華洋雜處，又係英國殖民地，那些買辦和英文書院仔都洋化起來了，學習英國人喝 WHISKY 的

---

[8]　鄭寶鴻，《香江知味：香港的早期飲食場所》，頁 185。

作風。」[9] 香港於英國殖民期間，貿易開放，世界各地的商人、貨物均能於香港進出、流通，由此而來的洋貨、洋酒，逐漸影響香港人的口味。英國殖民香港，擴大了洋貨的來源，並以殖民統治者的地位，影響香港人的飲食文化。除此以外，因國共內戰而南遷香港的上海人，則從平民的層面，將西方的飲食文化帶到香港，感染當時的香港人，當中飲酒更是不可或缺的部份，「1949 年，中國解放，外省人紛紛南來，喝拔蘭地的習慣在香港漸漸的流傳開來。」[10] 文中提到的外省人，部份是從上海遷移到香港，他們帶來大量資金與勞動力，而早於上海流傳的西方飲食風氣，亦跟隨他們南來香港。50、60 年代的香港，受到殖民與遷移的影響，洋酒、西餐逐漸為香港人所接受，「(案：二次大戰) 戰後，不少大酒家接受大百貨公司的禮券作支付酒席費用，藉以換購洋酒，可見當時洋酒受歡迎的程度。」[11] 從對洋酒的接受程度可間接得知，西方飲食風潮於當時香港的熾熱。

綜合上述電影對照的飲食狀況，當中無論出於機心或真心，食用或安排洋食的角色都屬較年長的一代，他們或為幫助兒女，或追求一己榮耀，但無論如何，西餐、洋食於

---

[9] 吳昊，《飲食香江》，頁 134。

[10] 吳昊，《飲食香江》，頁 133-134。

[11] 鄭寶鴻，《香江知味：香港的早期飲食場所》，頁 185。

這一代人的心目中，帶有富貴、時髦的深刻印象，因此他們才以西餐、洋食來提升或偽裝自己的身分。

青年追求異性的手段

50、60 年代，西餐所包含富貴與時髦的意義，不單影響較年長的一代，亦深深植根於青年的思想。電影雖不是現實的完全反映，但通過分析青年食用西餐的片段，可從中了解年輕人與西餐的不同關係。

上文提到，年長一輩借洋食來展現自己的時髦，年輕一代同樣存有這種想法，只是目的截然不同。當時西式食肆需花費不少，只有較富裕的青年才能負擔，不少富有的青年流氓，游手好閒，為消磨時間、迎合潮流，終日流連西式餐廳與咖啡店。相對收入較低，甚至窮困的年輕人，他們同樣明白西餐與時髦的密切關係，只是礙於生活環境所限，如非必要，也不會輕易花錢嘗試。這類低收入的青年，平日只能勉強維持基本生活，但當遇到追求異性的機會，他們願意多花金錢，刻意提升自己的地位與品味，希望對方能留下好印象。西餐成為青年提升身分的手段，令當時的西餐廳、咖啡店等洋化食肆，逐漸成為年輕人的約會聖地，他們甚至典當、借錢，亦希望能與心儀對象共進西餐。

電影《難兄難弟》（1960）中的吳聚財（謝賢飾）與周日

清（胡楓飾）便遇上類似情況。聚財與日清同樣生活潦倒、人浮於事，一日兩舊同學重遇，決定合力維生，實行「有福同享，有難同當」。碰巧二人同時愛上家庭教師鄧秀瑩（南紅飾），聚財與日清追求時，得悉秀瑩的未婚夫病重，二人為幫秀瑩，拿出當經紀所賺的佣金，惜秀瑩的未婚夫最終病逝。最後，秀瑩選擇與日清結婚，聚財與日清則開設雜貨店，合力經營。

聚財與日清是典型的貧窮青年，沒有工作、無法交付房租，甚至三餐不保，平日只以「騙飲騙吃」過活，如聚財以當票封紅包，於婚宴大吃一頓。日清到公園與小童玩耍，以他們不吃的三文治充飢。兩人本已是窮途末路，但當日清遇上心儀的秀瑩，竟不顧自身的經濟能力，邀她到西餐室約會。日清不惜典當，也要籌錢赴約，日清與聚財穿上僅存的破爛西裝，以長襪為袋巾，希望掩飾貧困的形象。聚財與日清於西餐室與秀瑩見面，明顯是希望給初相識的秀瑩，留下時髦、富貴的印象，但原來秀瑩早已清楚兩人潦倒的生活，也不介意他們的身分。西餐與身分的塑造明顯相關，當身分暴露，聚財與日清也無需掩飾，後來當兩人賺了錢，買回來與秀瑩、同伙慶祝的食物，已是中式的燒酒與燒臘，口味回到熟悉的粵式食品之上。

50、60年代，香港人普遍認為西餐代表時髦與富貴，

年長一輩希望藉由西餐來提高身分，以達成各自的目的。年輕一代則利用西餐作為展示財力的手段，裝扮成富有人家。電影《春滿人間》（1963）中的吳立品（謝賢飾）正是類似的人物角色。立品終日不務正業，到處招搖撞騙，希望夫憑妻貴。一日，立品得知富家女張英（夏慧飾）回港，即假扮富商，設計相識，卻誤追富家女的看護張櫻（嘉玲飾），櫻出身低下階層，未敢高攀，富家女鼓勵櫻暫借其身分與立品往來。兩人隨即閃電結婚，當張英與父親到場祝賀，立品與櫻的身分即原形畢露。立品被債主毆打，重傷入院，始明白自己真心愛櫻，重當醫院看護的櫻大受感動，二人遂重新開始。

立品為裝成富有華僑，帶張櫻到西餐館用西餐，點了「龍蝦沙律、法國燒雞、俄國羊髀與意大利紅酒」，菜式大多配上外國的地方名，這與50、60年代香港的現實情況相似，以香港當時的太平館為例，「由於太平館標榜賣西餐，所以很多菜式都刻意套上洋名，以壯聲威。例如：意大利黃湯、巴利年湯、華盛頓湯、馬加利石斑⋯⋯」[12] 由此可知，西餐的名稱可為食客帶來與別不同的身分，而身分的提升主要建基於金錢之上，如電影所提到的菜式，每道需

---

[12]　徐錫安，《共享太平：太平館餐廳的傳奇故事》，頁113。

花費 60、70 元，對當時的低收入青年來說，可能已是半個月的工資。立品面對這筆龐大的支出，唯有欺騙同場的同事與老闆，才能勉強過關。立品以吃西餐來冒充有錢人，雖然風險較大，但成效立竿見影，被騙的張櫻對他的富商身分更加深信不疑。

無論偽裝成功與否，低收入甚至窮困的青年，都希望能藉西餐來展示自己的時髦或富有，他們的做法切合當時香港人的普遍印象，但最終的成敗在於計劃的周詳與否和資金的多少。當時的年輕人雖然未必能夠負擔西餐的價錢，但於他們進食或約會的時候，總會想到西餐，這無形中已對他們造成影響。

相對較富有的年輕一代，西餐對他們的影響更為直接，因為他們無需顧慮生活，亦能負擔享用西餐的費用，如《南北一家親》（1962）中的青年醫生李煥襄（雷震飾）。電影中的一場，煥襄代表父親，到西餐廳與親家談妹妹的婚事，但碰巧親家也派來女兒沈佩明（白露明飾）作代表，煥襄對佩明一見鍾情。兩人互生情愫，從下午茶坐到晚飯時段，煥襄建議一同用膳，飯後兩人於舞池慢舞。從環境與服務看來，餐廳設有駐場樂隊，廚師於顧客面前即席烹調，可知用餐的花費不斐，但種種對煥襄來說，卻不以為然，這明顯與他的生活環境有關。任職醫生的煥襄，收入較高，生活穩

定，即使享用較昂貴的西餐，經濟上也能應付自如。片中煥襄選擇與佩明留在西餐廳用膳，可見他對西餐的熟悉，亦懂得善用店內的舞池與浪漫氣氛，因此能與心儀的對象迅速發展。由此可知，只要資金充裕，西餐廳的食物與環境確實能夠予人富貴、時髦、浪漫的印象，正因為西餐有這種附帶的效果，所以不論收入高低，年輕人均對西餐趨之若鶩，即使身陷財困也躍躍欲試。

西餐於 50、60 年代，對香港有顯著且廣泛的影響，先是英國殖民所帶來的西方飲食文化，令嘗試或嚮往外國口味的香港人日漸增多，供應西餐的食肆亦隨之而增加，無形中為日後西餐的發展建下良好基礎。隨著國共內戰展開，40 年代中期開始，大批中國內地的居民，從各省南遷到香港，「1946 年，香港的人口恢復到戰前的水準，達到 160 萬人。後來由於國內戰爭的影響，大量移民湧入香港。1950 年春，估計香港人口達到 236 萬人。」[13] 遷移的人口當中不少是上海人，他們抵達香港後，需要適應新環境，同時顯露固有的生活文化，當中包括早於上海發展的西式飲食習慣，當時香港的洋化飲食風潮，也是由上海人所帶領和催化。部份南來的上海人帶著雄厚的資本，他們享用西餐，無需顧慮價錢。同樣，收入中等或以上的

---

[13] 劉蜀永主編，《簡明香港史》，頁 329。

本土香港人，他們為迎合潮流、提高身分，或是受到西式飲食文化所感染，都會嘗試接觸西餐或洋食。當時的西餐對香港不同年齡的人均有影響，所以只要花費得起，無論長、幼都有喜好西餐的食客。這批收入較高的香港人，可以負擔食用西餐的價錢，因而西餐對他們有較深的影響。

相對當時低收入的香港人，西餐對他們的影響較為間接，他們的收入有限，工資僅足以維持生計，甚至無法維生，所以較難花費於西餐之上，接觸的機會相對較少。雖然他們未曾嚐過西餐，但透過耳聞目睹，已對西餐有既定印象。當這些低收入的人遇到特殊狀況，想要提升身分或隱去貧窮的實況，便會想到利用西餐時髦、富貴的相關意義，達到各自的目的。於這種特別的情況下，他們也有食用西餐的可能，但大多只為展示西餐的象徵意義，而非純粹的味覺享受。雖然這種機會少之又少，而且無法持續，但從印象以及少量的接觸機會中，西餐已對這些低收入的港人造成影響。綜觀而言，經過英國殖民、上海移民的引入與傳播，西餐於50、60年代的香港影響甚廣，本土的香港人無論長幼、貧富，都受到西餐不同程度的影響，西餐亦逐漸成為香港飲食的主流之一。

南來的北方口味與俄國飲食

國共內戰令不少內地的居民南遷香港，他們不單帶來資金與勞動力，亦無形中引進故鄉的口味。當時粵閩一帶的人稱南來的北方人為「外江人」，這些人於香港生活，未必習慣香港的粵式食物，不少人會自己烹調家鄉菜式，他們於自用以外，還會與同鄉分享，由此聚集一群具有北方口味的居民。具資金的北方人因此經營起小店、餐館，出售家鄉風味，即所謂的「外江菜館」，鄭寶鴻於論說中，曾解釋稱謂的由來：

> 「外江菜館」是香港人對京滬川等北方菜館的稱謂。除小部份開設於 1930 年代外，大部份於 1940 年代營業，尤其是 1949 年前後開店居多，不少為國內著名食肆的分店。[14]

南來的移民不斷遞增，食客對外江菜的需求相對提高，因而 50 年代「外江菜館」的數量日多，吳昊紀錄當時香港飲食文化時，談到：

> 20 世紀 50 年代可算是香港飲食文化的百花齊放，外省菜系紛至，把粵菜衝擊到七零八落，而全中國的吃的文

---

[14]　鄭寶鴻，《香江知味：香港的早期飲食場所》，頁 329。

化總出奇地匯集在香港。京菜館也出現了，一九五零年中環的都爹利街冒起一家「大滬」飯店，後來改組，成為「同興樓」。跟著，出現的有「東興樓」、「樂宮樓」、「北京樓」等……[15]

「外江菜館」的出現不免會與粵菜館構成競爭，生意上兩者是商場對手，口味上南、北雙方的人同樣未能完全接受對方的菜式。

電影《南北一家親》由張愛玲編劇[16]，當中探討的正是當時南、北方人於口味與生活上未能融和的問題。電影講述南方人沈敬炳（梁醒波飾）的「南興酒家」，與北方人李世普（劉恩甲飾）的「北順樓」僅一街之隔，兩人因事結怨，其後兩人的兒女雙雙墮入愛河，兒女為解決父輩的爭執，唯有合力想辦法化解，最終敬炳與世普都能冰釋前嫌。片中南、北菜館的對峙，雖略帶戲劇化，卻可作為當時現實的反映，兩家老闆只肯定自己的菜式，常為拉攏顧客而爭執。

口味上的抗拒並非純粹的意氣之爭，就連普通食客也

---

[15] 吳昊，《飲食香江》，頁 122。

[16] 電影《南北一家親》與劇本稍有不同，將兩者平衡對讀，更能了解電影中的南北矛盾。見藍天雲編，《張愛玲：電懋劇本集》，第三冊《南北和》，頁 63。

有明顯的偏好，如《南北一家親》中一對廣東夫婦，經過京菜館「北順樓」，老闆世普出門招徠，丈夫只說了一句：「我們不吃北方菜的。」然後兩人便走到粵菜館「南興酒家」，這片段正好帶出當時南、北口味完全分隔的問題，以及顧客依隨個人口味的明確取捨。敬炳與世普的僵持局面，已不單是商場與口味上的各不相讓，部份是因為南、北雙方對各自文化身分的堅守。敬炳與世普是南、北方的典型表代，敬炳愛吃蘿蔔糕，世普喜歡臭豆腐，兩人的口味與身分貫徹，彼此要是無法放下堅執，便難以融洽相處，口味更不能交流互通，如電影劇本提到，敬炳與世普兩人的兒女成婚，彼此都不願到對方的餐館設宴，最後唯有首道「熱葷」設於「南興酒家」，次道「一品雪燕」置於「北順樓」，其餘的菜式也如此類推，南北相間，賓客們唯有兩處奔走。劇本的情節雖然比較誇張，但無疑帶出了背後的深層意義，南北兩家貌似齊心，但實際上仍然無法融洽相處，兩家合辦的婚宴只能說是平分秋色，而非合桌同辦的宴席。

　　50、60年代，敬炳與世普所屬的年長一輩，始終較難放下固有身分。反觀當時的年輕一代，雖然仍存有南、北身分的芥蒂，但接受程度相對較高，彼此較容易相處，所以因身分不同而引致的口味抗拒，可隨著彼此的共融而破解，

剩下的只是口味習慣與否的問題。《南北一家親》中南方少女沈佩明（白露明飾），因誤會與北方佳麗李曼玲（丁皓飾）結怨，後得朋友排解而冰釋前嫌，於南、北共融的情況下，佩明放下地域、身分的包袱，依從個人口味選擇食物。電影雖無提及佩明飲食上的取捨，但於劇本當中，張愛玲描寫南、北婚宴一段，明確指出南方人佩明對北方菜的喜愛。片段中，佩明於「北順樓」吃「一品雪燕」，父親敬炳意欲拉她回「南興酒家」，佩明回應，說自己「還未吃完」，而且「喜歡食北方菜」[17]。佩明對父親的大膽明言，未有被南、北身分所影響，純粹表達個人的口味，可見當時年輕一輩的口味有更大的包容性。青年的口味未被身分所限，卻有受感情牽引的可能，如《南北一家親》的姐妹作《南北和》（1961）便出現相關情況。電影同樣是講述 50、60 年代的南、北矛盾，片中當南、北年長的一輩勢成水火，兩地的年輕男女卻打得火熱。北方女孩李翠華（丁皓飾）與南方的男友談婚論嫁，說婚後生活要吃廣東菜，更說喜歡「梅香鹹魚」。同樣，南方少女張麗珍（白露明飾）也對北方的男友說，婚後要吃北方菜，比如是「臭豆腐」。翠華與麗珍口味上的轉變，無論出於真心追求，還是假意迎合，均能體現人與人之

---

[17] 藍天雲編，《張愛玲：電懋劇本集》，第三冊《南北和》，頁 63。

間的關係與感情對個人口味的影響。年輕人的南、北結合，加速兩地飲食文化的交流，香港人的口味也逐漸受北方菜所影響。

北方人南遷香港，不單帶來道地的北方口味，還引入西方的飲食文化。如香港現存的皇后餐廳，便是 50 年代從上海引入香港的俄國菜。「『俄國大菜』在 20 世紀 30 年代的上海非常普遍」[18]，皇后餐廳的始創人于永富，於 20 年代初已到上海工作，跟隨俄羅斯廚師學廚，廿多歲已學懂多款俄菜。40 年代，于永富來港當廚師，於 1952 年開設俄國菜館——皇后餐廳，於餐廳組織的資料上，清楚列明餐廳「營業以西洋各國名酒、歐西大菜、麵包西點」，當中以俄國菜為主，「這種上海的羅宋館作風，在 50 年代的香港流行了一個時期」[19]，皇后餐廳亦成為當時俄國菜的標誌。現時，皇后餐廳仍是香港著名的俄國菜館，但就菜系而言，俄國菜已不及當年熾熱。雖然如此，俄國菜中的羅宋湯卻一直於香港的食肆流傳，並作為西餐廳、茶餐廳的主要湯類，變成俄國菜影響香港飲食文化的重要線索。

---

[18] 吳昊，《飲食香江》，頁 70-71。

[19] 吳昊，《飲食香江》，頁 71。

三、總結

　　飲食文化的構成非一朝一夕，需要時間與機遇的配合，上世紀 50、60 年代的香港受殖民、戰爭與遷移的影響，正好結合這兩個發展因素，各地的飲食文化因此得以植根成長，不同的餐膳、菜式於香港各有遭遇，部份繼續留守發熱發亮，部份只能留下風光的痕跡。西餐因英國的殖民傳到香港，再由南來的上海人加以傳播，當時本土的香港人，無論貧富、長幼都與西餐有不同程度的接觸，普遍對西餐留下時髦、富貴的印象。西餐對當時的香港人來說，於純粹的美味追求以外，可以用作偽裝身分與展示地位，由此西餐與香港人構成各種關係，西方的飲食文化隨之帶來不同程度的影響。國共內戰所引發的人口遷移，將北方菜帶到香港，他們道地的外江口味與餐館，對 50、60 年代以粵菜為主的香港人與食肆，帶來不少影響和衝擊，當中各自堅守南、北文化的年長一輩，生活與口味均無法融和，反而年輕一代能破除身分芥蒂，嘗試從味覺出發，選擇各自的心頭所好，他們甚或受感情所影響，促使南、北雙方的生活與口味達至共融。已於上海發展的俄國菜，同樣被南遷的人口帶到香港。50 年代俄國菜曾十分流行，可惜時移世易，俄國菜潮流已退卻，僅留下一道隱去身分的羅宋湯。

香港的飲食文化兼容並蓄，多元的美食從 50、60 年代開始逐漸發展，造就今日中西匯粹的美食之都，透過電影中豐富的飲食影像，能為現時香港多元的飲食文化，定下清晰明確的歷史註腳。

參考書目

論著

吳昊，《飲食香江》，香港：南華早報，2001。

徐錫安，《共享太平：太平館餐廳的傳奇故事》，香港：明報出版社，2007。

許錫揮、陳麗君、朱德新，《香港跨世紀的滄桑》，廣州：廣東人民出版社，1995。

劉蜀永主編，《簡明香港史》，香港：三聯書店有限公司，2009。

鄭寶鴻，《香江知味：香港的早期飲食場所》，香港：香港大學美術博物館，2003。

藍天雲編，《張愛玲：電懋劇本集》，香港：香港電影資料館，2010。

◎ 戰後香港的飲食影像：以1950、60年代香港電影為研究核心

第四輯

從香港到世界

味覺嚮導的探索：舒巷城飲食散文中的香港

一、緒論

香港土生土長的作家舒巷城（1921-1999），原名王深泉，曾以秦西寧、邱江海等多個筆名活躍於文壇。舒氏是「文學領域的多面手」[1]，創作遍及小說、散文、詩作等範疇，題材涉獵古今中外。從題材來看，舒巷城的不少作品以城市為主題或背景，筆跡遍及歐美、亞洲等地，如紐約、倫敦、東京、上海。環顧各處，舒巷城著墨最多的仍然是出生地香港，東橙曾提到：「舒巷城是一個香港地區色彩濃烈的詩人。他的詩的靈感完全植根於香港這個城市的生活。」[2] 於詩作以外，舒巷城的小說、散文等其他創作，同

[1] 梁羽生：〈無拘界處覓詩魂──悼舒巷城〉，載思然編：《舒巷城紀念集》（香港：花千樹出版有限公司，2009年），頁8。

[2] 東橙：〈那人在燈火闌珊處──舒巷城和他的文學創作〉，《香江文壇》，第8期（2002年8月年），頁73-83。

樣有以香港為界的探索。街巷之間的事物，無論新舊，舒氏皆取之為題，宏觀如地方遷拆、文化流轉，微察如餐廳店鋪、平民百姓，舒巷城都能一一入文，無所不談。

要深入了解一個城市，可以有不同的角度，飲食作為生活的必需，與人事、地域都有緊密聯繫，固然可作為觀照城市的切入，周作人（1885-1967）曾說：「看一地方的生活特色，食品很是重要，不但是日常飯粥，即點心以至閑食，亦均有意義，只可惜少有人注意。」[3] 這正好說明飲食與地方的密切關係，亦帶出飲食往往被忽略的事實。飲食貼近生活，看似平凡，內裏豐富的意涵最易被人遺忘，相反，飲食於舒巷城筆下卻成為上好的題材，全因舒氏喜歡於街巷遊走，仔細觀察，令日常的飲食點滴成為珍貴的創作靈感。

舒巷城不同文類的作品當中，以香港為背景的，小說有《鯉魚門的霧》和《太陽下山了》，詩作如《都市詩鈔》與《長街短笛》，散文可見《舒巷城卷》、《燈下拾零》等著作。舒氏這些創作包含大量飲食元素，無論是菜式、食肆，還是廚師、食客，都各有經歷和故事。舒巷城的創作豐碩、多樣，連帶有不少相關的研究。同樣以香港為索引，當中討論舒氏小說與詩作的文章較多，如韓牧談詩中的地方取

---

[3] 周作人：〈賣糖〉，載楊牧編：《周作人文選》（台北市：洪範書店有限公司，1983年），頁386。

材與人物刻劃 [4]，陳智德談巷與城之間的本土文化和價值 [5]。相比之下，較少研究論及舒巷城的散文，麥繼安談書寫取材 [6]、梅子談想像與關懷 [7] 已是當中僅見的例子。於飲食方面，縱觀歷來舒巷城的相關研究，飲食的論述只散見於論文，如葉輝談《都市詩鈔》中的飲食題材 [8]，陳曦靜以夜市情景來談都市形象 [9]，而主要以飲食作切入的研究則並不多見。

舒巷城不同文類的創作，均有與飲食相關的地方，本文擬以舒巷城的散文作為主要的研究範圍 [10]，包括《舒巷城卷》、《夜闌瑣記》、《燈下拾零》與《小點集》，嘗試從飲食的角度切入，探討舒巷城如何描寫與呈現香港的人與事。

[4]　參韓牧：〈出發、從我從都市從鄉土──探索舒巷城詩的特點〉，《讀者良友》，第 3 期（1984　9 月），頁 88-95。

[5]　參陳智德：〈「巷」與「城」的糾葛──舒巷城文學析論〉，《城市文藝》，第 4 卷第 3 期（2009　4 月），頁 39-43。

[6]　參麥繼安：〈霧之外──談舒巷城的《夜闌瑣記》〉，《作家》，第 4 期（1999 年 6 月），頁 17-19。

[7]　參梅子：〈舒巷城之所以為舒巷城──讀《夜闌瑣記》札記〉，《文學世紀》，創刊號（2000 年 4 月），頁 53-55。

[8]　參葉輝：〈淺談舒巷城詩作的三個階段〉，《中國學生周報》，第 1119 期（1974 年 3 月 5 日），第 7 版。

[9]　參陳曦靜：〈舒巷城的小說研究〉，嶺南大學，碩士論文，2002 年，頁 61-62。

[10]　於散文外，本文擬旁涉舒巷城其他文類的創作，如：《艱苦的行程》、《鯉魚門的霧》與《都市詩鈔》等，用作對讀或補充，以便更深入、全面了解舒巷城的飲食論述。

本文分成三部份，分別從舒巷城自身、市民生活、社會文化環境，歸納舒氏對香港各方面的論述，當中涉及人事、風俗、文化、社會問題等不同範疇，由此拼湊而成的香港面貌，不限於特定時期，旨在以飲食為題，呈現舒巷城散文中的香港。

二、個人的品味經歷

舒巷城的散文中，不少講述自己與飲食相關的種種逸事，涉獵題材廣泛，如〈雲片糕〉[11] 以介紹的角度，提及雲片糕的相關記載與材料。〈醉醒之間〉[12] 加入文學元素，從蘇軾與辛棄疾的詞，看古代文人的飲酒情況。這類文章直接展示舒巷城對飲食的印象，從中能了解舒氏創作的取材方向。下文嘗試從回憶、鄉思與飲食態度三方面，探討舒巷城、飲食與香港三者之間的關係，釐清舒氏探索飲食的動機。

湯圓與黃糖——味覺牽連的滋味回憶

飲食的經歷分散於不同時間、空間，味覺成為點與點

---

[11] 舒巷城：《夜闌瑣記》（香港：天地圖書有限公司，1997 年），〈雲片糕〉，頁 76。

[12] 舒巷城：《夜闌瑣記》，〈醉醒之間〉，頁 115。

之間的記憶聯繫。舒巷城於〈記憶〉[13] 中，正正談到飲食與記憶的牽連。文中舒氏單靠記憶，無法將當日的餐室景象連上過去的回憶，反而是星州炒米的味道，讓舒巷城得以重溫過去，想起自己原來是故地重臨。味覺讓人想起地方，還有當中的人事與感情，杜杜曾提到：「很多時我們吃東西，除了吃味道之外，還有食物所引起的回憶情感，這些都成了味道的一部份了。」[14] 味道與回憶、情感接軌，食物與人之間存有更複雜的關係，就如湯圓於舒巷城有獨特的意義。

舒氏曾以湯圓為題撰文 [15]，分述自己的三段記憶。文章以湯圓為主軸，先聯繫到舒巷城年幼時，家附近專賣湯圓的「檔口」。然後，舒氏憶述少年時，於戰亂中曾光顧桂林的甜品店。最後是已屆中年的舒巷城，談到近期住處旁邊賣湯圓的「走鬼檔」，以及與妻子搓湯圓的事。飲食貫穿舒巷城不同時地的生活，文中舒氏藉著近日周邊的湯圓食事，回憶戰亂與年幼時的兩段往事。對應舒巷城的人生經歷，

[13] 舒巷城：《燈下拾零》（香港：花千樹出版有限公司，2003 年），〈記憶〉，頁 185-186。

[14] 杜杜：《飲食與藝術》（香港：明窗出版社，1998 年），〈鼻欲嗅芬芳　口欲嘗甘旨——進食的歡樂〉，頁 129。

[15] 舒巷城：《小點集》（香港：花千樹出版有限公司，2008 年），〈湯圓〉，頁 249。

舒氏於「太平洋戰爭後，1942 年秋天抵桂林」[16]，散文〈湯圓〉中，舒氏對桂林的憶述應屬這段時期。舒巷城由甜食建構的個人回憶，從遠至近，相連層疊，因此舒氏於桂林嚐湯圓時，想起的應是身處香港的孩童時光。

舒巷城嗜好甜食，自幼已經開始[17]，從此舒氏與甜食結下不解緣。除桂林的甜品店外，戰時的舒巷城還有其他與甜食相關的足跡。如舒氏於「回憶錄」[18]《艱苦的行程》[19]中，不止一次提到甜食[20]，當中以車河鎮的經歷描述得最為仔細。戰亂期間，舒巷城於廣西車河鎮停留，突然想到「廣東水果以及糖以及綠豆沙以及甜品店」[21]，但因物資匱乏，舒巷城只能購得兩片黃糖，最終讓住處的老闆煮成糖水，

[16] 舒巷城：〈放下包袱，談談自己（代序）〉，載秋明編：《舒巷城卷》（香港：三聯書局，1989 年），頁 4。

[17] 舒巷城提到：「我喜甜食，童年時尤嗜之。」引文見舒巷城：《夜闌瑣記》，〈薩其馬〉，頁 16。

[18] 東瑞言：「《艱苦的行程》是舒巷城以『邱江海』筆名發表的一部回憶錄。」本文引用東瑞文中「回憶錄」的説法。見東瑞：〈小説化的報告文學——舒巷城《艱苦的行程》〉，《讀者良友》，第 3 期（1984 9 月），頁 68。

[19] 舒巷城於〈前記〉中提到，《艱苦的行程》的資料除姓名與結構有所改動，其餘的都如實記錄、描寫，詳參邱江海（舒巷城）：《艱苦的行程》（香港：花千樹出版有限公司，1999 年），〈前記〉，缺頁數。

[20] 舒巷城於逃難期間，於宜山吃過綠豆沙與紅豆沙；於河池鎮吃過糯米湯圓。詳參邱江海（舒巷城）：《艱苦的行程》，頁 122, 129, 157。

[21] 邱江海（舒巷城）：《艱苦的行程》，頁 172。

供彼此分享。周蕾曾説:「食物從來都不僅僅是食物本身,它往往聯繫到人際關係。」[22] 戰時的糖水,不單讓舒巷城嚐到久遺的甜味,還帶有彼此分甘同味的寶貴情誼,舒氏於回憶錄曾寫道:

> 在我的記憶裏,草棚裏那碗甘美的糖水,是我嚐過的最好的甜品之一。因為在顛連困苦的日子中,那糖水是和我嚐到過的點點人情味連在一起的。[23]

糖水內藏情感,也正迎合舒巷城的喜好,舒氏曾提到小時候愛吃湯圓,而且強調是「粵式的『糖水』湯圓,糖是黃糖,或稱片糖。」[24] 湯圓與黃糖的味道,翻起連串記憶,舒巷城從香港憶起戰時的桂林,於車河鎮嚐到黃糖水時,想起的便是香港的童年生活。

飲茶與叉燒包——食物勾起的鄉思情緒

舒巷城於戰時的桂林、車河,因甜食想起故鄉的童年歲月,引發對香港的追思。人在異地,飲食可以有多重影響,梁實秋(1903-1987)説:「偶因懷鄉,談美味以寄

---

[22] 周蕾:〈一種食事的倫理觀〉,《作家》,第 15 期(2002 年 4 月),頁 115。

[23] 邱江海(舒巷城):《艱苦的行程》,頁 173-174。

[24] 舒巷城:《小點集》,〈湯圓〉,頁 249。

興。」[25] 飲食令人想起過去，也可藉以抒發鄉情、緬懷故鄉，熟悉的味道，往往能夠慰藉異鄉人的愁緒，如舒巷城於〈飲茶〉[26] 中，提到「廣東人愛上茶樓飲茶」[27]，即使在抗日戰爭的逃遷路上，沿途的粵式茶樓均坐無虛席，雞包、叉燒包仍是重點推介的「星期美點」。離鄉的人難忘熟悉的食物，同鄉與朋友於茶樓聚首，彼此透過飲食交流近況。舒巷城身處戰亂的歲月，也有相類似的情況，舒氏初到桂林，會到「市區裏的廣東茶樓飲茶，在那裏會碰見昔日的街坊熟人」[28]，舒巷城與其他離鄉的人一樣，會借助蘊藏心底的味道與感情，重溫昔日的故鄉生活。

飲食的影響不受時地限制，叉燒包於戰時受歡迎，也讓飄洋過海的人喜愛。舒巷城於〈叉燒包〉[29] 中，談及自己於香港，曾一度對茶樓的叉燒包「視若無睹」，但當身處國外，卻有另一番體會：

> 肚有所需，心有「物離鄉貴」之感，加上記憶中幼年偶隨父親上茶樓一「包」在手時之得意狀，便特別喜歡吃此歷

[25] 梁實秋：《雅舍談吃》（台北市：九歌出版社有限公司，1986 年），〈序〉，頁 4。

[26] 舒巷城：《小點集》，〈飲茶〉，頁 125-126。

[27] 舒巷城：《小點集》，〈飲茶〉，頁 126。

[28] 邱江海（舒巷城）：《艱苦的行程》，頁 90。

[29] 舒巷城：《小點集》，〈叉燒包〉，頁 233-234。

史悠久的叉燒包了。[30]

舒巷城對叉燒包的迥異態度，可體現飲食與鄉思的關係。舒巷城於香港能輕易接觸叉燒包，既無懷鄉的情思，也沒有解饞的需要。食物與人之間缺少聯繫，叉燒包的重要性因而減低。相反，當舒巷城身處異地，叉燒包無法唾手可得，使得相同的食物於國外變得更加親切、可貴。叉燒包不單滿足口腹之欲，背後更盛載著歷史與回憶，周蕾曾說：「一個人遠離家園時，熟悉的食物滋味不單喚起我們以前吃過甚麼，還有我們究竟是誰。」[31]熟悉的味道對應個人身分，也令舒巷城想起童年時的父親與故鄉香港。

咖啡與「鴛鴦」——飲食展現的個人取態

飲食不僅聯繫記憶與鄉思，也與習慣和態度相關。從散文可知，舒巷城飲咖啡的習慣已維持多年，於國外也「總不忘找機會坐坐咖啡店」[32]。舒巷城的香港生活也離不開咖啡，他曾說自己「飲得不講究，好的劣的都入喉」[33]，舒氏不太追求味道，反而因為喜歡到咖啡店「嘆」報紙，而對食店的環

[30] 舒巷城：《小點集》，〈叉燒包〉，頁 233。

[31] 周蕾：〈一種食事的倫理觀〉，《作家》，第 15 期（2002 年 4 月），頁 116。

[32] 舒巷城：《小點集》，〈飲咖啡〉，頁 368。

[33] 舒巷城：《小點集》，〈飲咖啡〉，頁 368。

境十分挑剔，他於〈咖啡店〉中也提及過自己的喜好與標準：

> 茶客熱鬧的談話聲並不妨礙看報，而講究「情調」燈光
> 甚暗的所謂高級咖啡店卻非「嘆」報紙的好所在，因此就往
> 往喜歡幫襯光光亮亮的大眾化咖啡店了。[34]

文中舒巷城的取捨，明顯與燈光有關，食店的「光、暗」
與價格的「低廉、昂貴」對應，因此舒巷城選擇傾向「大眾
化」，捨棄「高級」的咖啡店。於燈光以外，舒巷城也考量
到食店的餐飲，散文中曾以「鴛鴦」與「加央」[35]為例，討論
「大眾化」與「高級」咖啡店之間的分別，舒氏於「鴛鴦」的
部份提到：

> 咖啡與紅茶沖在一起叫做「鴛鴦」。對伙計說一聲「鴛
> 鴦（一杯）！」，是萬無一失的（而高級咖啡店呢，根本就
> 不肯替你弄這樣的一杯「啡、茶」來。）[36]

另外，於「加央」方面，舒巷城說：

> 有好些東西在高級咖啡店（包括餐廳）吃不到，而在大

---

[34]　舒巷城：《小點集》，〈飲咖啡〉，頁 75-76。

[35]　「加央」（Kaya）或稱「咖央」，舒巷城於文中解釋：「『加央』原是
　　　馬來語——是雞蛋與椰子汁製成的一種又香又可口的甜醬。」，詳參
　　　舒巷城：《小點集》，〈「鴛鴦」與「加央」〉，頁 78。

[36]　舒巷城：《小點集》，〈「鴛鴦」與「加央」〉，頁 77。

眾化的咖啡店卻隨時可以嚐到的。用來搭麵包或多士的「加央」是其中之一。[37]

舒巷城以「鴛鴦」與「加央」作為區別的界線，將咖啡店分成「大眾化」與「高級」兩類，舒氏於文中多次強調食肆的等次，是希望借二分的飲食現象，比喻香港社會上「貼近民眾」與「崇尚奢華」的兩種風氣。兩者當中，舒巷城傾向認同「大眾化」，而不屑於「高級」，舒氏由此而發的取捨與表態，已經超越飲食的範疇，伸延至更廣闊的社會層面。

小結

綜觀舒巷城這類飲食散文，當中對生活的詳述，更能凸顯舒氏與飲食的緊密關係。飲食標誌著舒氏的不同階段，無論童年成長、戰亂流徙，還是外地旅遊，舒巷城都透過飲食重溯自己的故事，由此牽動出對人、食物與香港的真摯情感。舒氏仔細關注周邊的飲食事物，因而能夠善用飲食元素帶出不同話題，當中的內容雖然旁及記憶、故鄉、習慣與社會等多個領域，但主要仍是取材自日常生活。於香港的經驗以外，舒巷城即使身處異地，書寫的題材也傾向於論述逸事，沒有太多刻意鋪排。從文中可見，舒氏有

---

[37]　舒巷城：《小點集》，〈「鴛鴦」與「加央」〉，頁78。

自己的偏執與意向，他選擇走入民間、貼近大眾，這些都能充分反映於他的飲食態度當中，因而舒巷城的散文有更多篇幅，是藉飲食去探討小市民的生活與問題。

三、市民的飲食百態

舒巷城與飲食之間存有種種關係，當中不少與香港相關，舒氏對香港的多面探索，部份談論到本土的小市民，梁羽生（1924-2009）曾就相關題材表示：「舒巷城是『土生土長』的香港作家，熟悉香港的小市民生活。」[38] 舒巷城選擇以小市民為題，跟他自身的生活不無關係，舒氏於自傳中曾提到自己的戰後生活：「一九四八年底返港與家人團聚。從那時起，卻要面對另一種現實，每天為衣食住行而忙。」[39] 舒巷城是作家，但仍得為生計而工作，生活與一般小市民無異。正因為經歷的相同，舒氏更能了解小市民的處境，他於散文中曾提到自己對小市民的看法：「在我，小市民不是一個貶詞。他們有血有肉，感情雖非波瀾壯闊，但親切之中，有他們各自的喜怒哀樂。」[40] 從自身的飲食態

---

[38]　梁羽生：〈舒巷城的文字〉，載秋明編：《舒巷城卷》，頁 336。

[39]　舒巷城：〈舒巷城自傳〉，載思然編：《舒巷城紀念集》，頁 8。

[40]　舒巷城：《夜闌瑣記》，〈小市民〉，頁 20。

度跳進別人的世界，舒巷城對飲食與人的關係有更深刻的描寫與體驗，由此更能拼湊出舒氏心目中的香港。下文嘗試從個人家庭、職業群體與飲食環境三方面，探討舒巷城飲食散文中的市民生活與香港風貌。

童工與老闆──壓迫下的不同生活

舒巷城著意關注本土的小市民，當中不少觀察與飲食相關，由此轉化而成的飲食書寫，遍及舒氏不同文類的著作。於散文以外，小説《太陽下山了》同樣包含飲食元素，如大牌檔的「牛腩粉檔、艇仔粥檔、咖啡紅茶檔」[41] 作為故事的場景，或是戲院門外「擺滿了賣水果的、賣燴魷魚的、賣紅豆粥的攤子」[42]，用以突顯角色的內在情緒。舒巷城小説中的飲食部份，可作為舒氏深入觀察小市民的引證，就如姚永康談到：「舒巷城在其小説創作中常常流露他對社會低層生活的關注。」[43]

飲食元素於舒巷城筆下有靈活的處理，於散文中直接

[41] 舒巷城：《太陽下山了》（香港：花千樹出版有限公司，1999 年），頁 2。

[42] 舒巷城：《太陽下山了》，頁 148。

[43] 姚永康：〈描畫社會底層的浮世繪〉，《讀者良友》，第 3 期（1984 9 月），頁 79。

用以探討小市民的生活。如〈送茶的孩子〉[44] 講述童工於食肆工作的情況，文中舒氏回想 50 年代的香港，不少孩童為幫補家計而輟學，到餐室、露天茶檔等地方打工。童工於當時的社會仍算普遍，舒巷城選擇以此為題，並不是因為人物具有特別之處，而是希望通過日常生活，記錄童工「小小年紀就負起生活的擔子」[45] 的真實故事。孩童的生活，令舒巷城想起經常接觸的茶檔童工「阿生」。有一次「阿生」因太累，在空籮裏面睡著，舒氏以此為題，略加修改，寫成小說〈送茶的孩子〉[46]。散文的最後，舒巷城引以下的小說片段作結：

> 阿生晚上睡覺的床是茶檔；早上六點鐘起來生火，開檔，晚上十二點鐘過後才能夠上「床」。長此下去，是不是有這樣的一天——他不是往別人的床下「倒」下來，而在送茶的路上「倒」下去呢？[47]

舒巷城於不同文類的著作，重複探討童工的生活，可見舒氏對民生問題的關注。於小說與散文中，舒巷城以相

---

[44]　舒巷城：《夜闌瑣記》，〈送茶的孩子〉，頁 101。

[45]　舒巷城：《夜闌瑣記》，〈送茶的孩子〉，頁 101。

[46]　舒巷城：《鯉魚門的霧》（香港：花千樹出版有限公司，2000 年），〈送茶的孩子〉，頁 99-103。

[47]　舒巷城：《夜闌瑣記》，〈送茶的孩子〉，頁 101。

同的片段作結，隱含對「阿生」過於疲累的擔憂，流露出對童工的同情與關懷，這不單是情感的抒發，也是對現實生活的反思與回應。

活在香港，伙計、老闆各有遭遇，各有難處，舒巷城的〈何老闆〉[48]以老闆為對象，寫餐廳「何記」由盛轉衰的經過。舒巷城寫食肆的運作，談到何老闆的經營之道，何老闆閒時會跟食客聊天，熟客更可賒帳。這些食肆描寫不見得有趣吸引，但舒巷城從老闆與食客的平常交往中，帶出飲食以外的人情，以及人與人之間的信任。好境不常，何老闆遇上拆遷，只好搬到別處，不單要繳付昂貴租金，更要面對多家食肆的競爭，因此「『何記』就在苦撐中過日子」[49]。最終，何老闆也沒再經營餐廳，轉移到朋友的店打工。舒巷城筆下的何老闆沒有太多著色，散文平實記述他從老闆轉做伙計的過程，文中何老闆從「臉色紅潤，春風得意」變成「臉容憔悴，頭髮全白」的前後對比，赤裸裸地呈現生活對市民的壓迫，以及面對命運時的無奈。

舒巷城的〈生活〉[50]同樣以店家為題，記述一對年輕夫婦經營食肆的片段。夫婦在街頭「開檔」賣蘿蔔糕，之後女

◎ 味覺嚮導的探索：舒巷城飲食散文中的香港

---

[48]　舒巷城：〈何老闆〉，載秋明編：《舒巷城卷》，頁 211-212。

[49]　舒巷城：〈何老闆〉，載秋明編：《舒巷城卷》，頁 212。

[50]　舒巷城：《小點集》，〈生活〉，頁 144-145。

的懷孕，即使腹大便便，仍得「站在檔前忙這忙那」。兩人離不開賴以為生的食店，只能於工作的同時，騰出時間照顧小孩，女的孭著小孩「照樣煎糕、洗碗」，男的分擔餘下工作。舒巷城在文中提到，蘿蔔糕檔「在我，是果腹。在他們是生活」[51]，由此帶出食客與店主間的微妙牽連，亦嘗試從食客的角度，通過飲食去了解食店夫婦的生活。東橙曾說：「舒巷城是一個充滿了柔和與親切的人，他的詩也體現了這一點，他是以真誠與溫暖及對人間的愛，來作詩的。」[52] 於詩作以外，舒巷城富人文關懷的特點，同樣見於散文。舒氏於〈生活〉憑持續的細心觀察，敍述夫婦從二人世界到三人生活的過渡期，但無論如何轉變，食店的工作仍得日以繼夜。舒巷城以夫婦的經歷，展示小市民堅韌的適應力，也帶出他們養育下一代的辛酸，其後舒氏更進一步代入夫婦的處境，猜想他們的心思：「把小孩交給託嬰所或者別人照料吧，也許化不來，也許不放心。」[53] 文中作者設身處地的考量，更見舒巷城對問題的深究，以及對小市民的關切。

[51]　舒巷城：《小點集》，〈生活〉，頁 145。

[52]　東橙：〈那人在燈火闌珊處──舒巷城和他的文學創作〉，《香江文壇》，第 8 期（2002 年 8 月年），頁 73-83。

[53]　舒巷城：《小點集》，〈生活〉，頁 144。

「白領」與艇上食店——飲食嚮導的供與求

　　舒巷城對小市民生活的探索，有微觀的角度，從個人或家庭出發，也有更寬闊的視野，以職業或食攤作範圍。飲食散文中，舒氏較少談及行業的職務，更多聚焦於飲食的部份，帶出不同人的飲食習慣與生活方式，如舒巷城的〈三點三〉[54]以建築工人為題，寫他們吃下午茶的習慣。舒巷城於茶餐廳用膳時，剛好一班建築工人進來小休，舒氏因而知道已是「三點三」[55]。文中舒巷城先從自身的角度出發，轉移留意工人的生活，可見舒氏對周邊市民、事物的關注。舒氏不單以平凡逸事帶出香港特別的飲食習慣，亦借下午茶來讚譽香港的低下階層：「這『三點三』倒是一件大好事，它使那些為繁榮流汗的人，能在辛勞的工作中歇一歇，添點活力、精神。」[56]〈白領的午餐〉[57]同樣談及職業與飲食的關係，但較多敘述「白領」的覓食情況。舒氏當時也是「白

163

◎ 味覺嚮導的探索：舒巷城飲食散文中的香港

---

[54]　舒巷城：《夜闌瑣記》，〈三點三〉，頁 43。

[55]　舒巷城於文中提到：「三點三（即三時十五分），作為小歇的別名，是『三行』（案：建築工人）的行業語。」詳參舒巷城：《夜闌瑣記》，〈三點三〉，頁 43。

[56]　舒巷城：《夜闌瑣記》，〈三點三〉，頁 43。

[57]　舒巷城：〈白領的午餐〉，載秋明編：《舒巷城卷》，頁 210-211。

領」[58]，深明外出午膳的苦況。於緊拙的午膳時間，大小食肆均座無虛席，「白領」要找位置用餐，也只能「急急忙忙地吞」，食而不知其味。舒巷城通過親身感受，呈現「白領」的午膳情況，帶出香港市民的急速生活。除此以外，〈白領的午餐〉記下當時「搭食」的風氣，舒巷城回憶自己曾與同事到附近的家庭「搭食」，戶主「四姑」為他們準備午膳，以幫補家計，舒氏等「白領」則能夠嚐到住家的餸菜湯水。飲食令「四姑」與舒巷城等人熟絡，恍如一家，彼此之間滲透淡淡人情之餘，文中對「搭食」的詳細敘述，也為這類已消失的飲食供求，留下文字印記。

舒巷城的〈賣唱二題〉[59] 雖然以盲歌者為中心，但也有與飲食相關的片段。文中舒氏談到，有些盲歌者會坐上小艇，到海上市場或避風塘賣唱，這些漁船聚集的地方有「賣魚生粥、艇仔粥、炒麵、咖啡等等的水上小販到處活動」[60]，盲歌者於其中伺機找生意。回顧當時的現實情況，50 年代的銅鑼灣避風塘，已有「水上艇販產生，既有香煙、生果、汽水

---

[58]　舒巷城解釋：「在寫字樓打工的人，這裏泛稱『白領』」，詳參舒巷城：〈白領的午餐〉，載秋明編：《舒巷城卷》，頁 210。

[59]　舒巷城：《燈下拾零》，〈賣唱二題〉，頁 147-150。

[60]　舒巷城：《燈下拾零》，〈賣唱二題〉，頁 147。

艇，亦有供應粉麵艇」[61]，其後亦漸見「賣唱的艇出現」[62]。對照之下，舒巷城於散文寫到海邊的艇上食店，沒有經過修飾剪裁，只是如實呈現當時的實際環境，引出盲歌者工作的地方，可見舒巷城描寫的細緻，以及對艇上生活的透徹了解。

艇上食店的場景，同樣出現於舒巷城的小說〈鯉魚門的霧〉[63]中，主角梁大貴年輕時，曾撐船到人流較多的北角泳棚兜售艇仔粥。與散文的處理不同，小說中的艇仔粥已不單純是食物，內裏更多具一重意義。文中提到，小姑娘木群在埗頭捱餓，特意要等梁大貴的艇回來，嚐他的艇仔粥，這處或牽涉木群的飲食偏好，但更明顯的是藉著艇仔粥來表達木群對梁大貴的感情。陳智德曾說：「這小說最容易讀出作者對昔日香港里巷人情的認同和緬懷。」[64]小說將艇上生活牽連到梁大貴的回憶，以今昔對比，帶出梁大貴緬懷過去的感慨，以及對木群的想念，種種情感交疊，令甜酸滋味湧上心頭，若將散文、小說與當時的真實情況並讀，更

[61]　鄭匡成：〈銅鑼灣避風塘飲食‧興衰歷史四十多年（一）〉，《飲食天地》，第 155 期（1991 年 10 月），頁 65。

[62]　鄭匡成：〈吃喝玩樂‧春色無邊‧銅鑼灣避風塘飲食（二）〉，載《飲食天地》，第 156 期（1991 年 11 月），頁 62。

[63]　舒巷城：《鯉魚門的霧》，〈鯉魚門的霧〉，頁 1-10。

[64]　陳智德：〈「巷」與「城」的糾葛──舒巷城文學析論〉，《城市文藝》，第 4 卷第 3 期（2009　4 月），頁 40。

見舒巷城對艇戶與海上生活的興趣。

大牌檔與「大笪地」──美食聚合的眾生相

從不同行業的情況到飲食的大環境,舒巷城於〈在嚴寒冷雨中〉[65]以寒流下的香港作背景,描寫一眾街邊小販。天氣寒冷,舒氏想進食充飢,於後街「卻意外地發現,雖然冷雨霏霏,但幾個賣熟食的街邊小販還是在那裏開檔」[66],舒巷城感到「意外」,是因為沒料到寒冷的環境下,食攤還在做生意,這不單顯露作者的細微心思,也呈現出小販為糊口,無論天氣、溫度如何,也得繼續工作的情況。舒巷城於散文中,對小販維生的地方有更仔細的描劃:

> 在一個建築地盤圍街板的蓋蓬下,有一檔是賣鯪魚球麵的,有一檔是賣牛雜的。在另一邊,一個小小的騎樓下,是一檔賣粉果與燒賣的,蒸籠上冒着一陣陣的熱氣。旁邊,另外一個較大的攤子,有爐有鑊,豎着一把特大的開着的雨傘,賣的是蘿蔔糕。[67]

舒氏展示的是一個全景,片段中不同的小販賣著各款食物,大家在為各自的生活而努力。小販身處的環境也值

---

[65] 舒巷城:《小點集》,〈在嚴寒冷雨中〉,頁 81-82。

[66] 舒巷城:《小點集》,〈在嚴寒冷雨中〉,頁 81。

[67] 舒巷城:《小點集》,〈在嚴寒冷雨中〉,頁 81。

得留意，文中舒巷城寫的香港景物，只是普通街巷常見的「地盤」、「蓋蓬」、「騎樓」，舒氏以這類城市風景入文，貫徹其走入群眾、探索小市民生活的取向，呈現香港樸實、平凡的一面。熟食小販為求生計，於寒冷天氣下，揀選合適的位置「開檔」，反映出香港市民的適應能力。對此，路過充饑的舒巷城也「帶著感謝的心情離開」，這不單是來自口腹上的滿足，更蘊含對小販辛勤工作、為大眾服務的敬佩。

舒巷城的〈可愛的大牌檔〉[68] 也談到繁雜、聚合的飲食場景，散文以大牌檔為題，引出連串的論述與分析。舒氏於歐洲想起香港大牌檔的價廉物美、款式多樣，也勾起昔日與友人吃遍大牌檔的回憶。舒巷城「幫襯」大牌檔多年，於文中細說過往的飲食片段：

> 童年時每天上學吃白粥油炸鬼作早餐，晚上以紅豆粥或綠豆沙為宵夜，或有時從母親那裏攞到三個仙士「嘆」其即滾即吃的「新鮮滾熱辣」的牛雜粥；都是大牌檔的傑作。[69]

因長時間的接觸，舒巷城熟悉大牌檔，也建立起深厚感情。舒氏眼中的大牌檔，不單聚集多樣美食，亦富有「廣

---

[68]　舒巷城：《燈下拾零》，〈可愛的大牌檔〉，頁 79-81。

[69]　舒巷城：《燈下拾零》，〈可愛的大牌檔〉，頁 80。

東情調」與「生活氣息」，當中「樸實可親」的人物和「生生動動」的語言，不會出現於「所謂的『高貴』的場合」[70]。文中舒巷城表露對大牌檔的留戀，再次強調自己貼近平民、不屑富貴與造作的態度。舒氏這種明確的取向，不單展示於飲食散文，同時也受飲食所影響。舒巷城於〈可愛的大牌檔〉中，提到自己在大牌檔除了吃以外，還「學到做人的態度——自覺（不論怎樣）是一個普通人，並不與眾不同」[71]，大牌檔不論食客的身分，招待一視同仁，舒氏從小於此流連，逐漸受熏陶，建立彼此平等的觀念，養成走入群眾的習慣。

　　藉由飲食表達思想的手法，同樣見於舒巷城的詩作。舒巷城於 70 年代曾以筆名石流金，於雜誌發表連串「都市詩」，其後輯錄成《都市詩鈔》[72]，雖然只有少量作品與飲食相關，但亦能從中參看當時的飲食情況，如詩作〈露天夜總會〉[73]描寫「大笪地」食攤，帶出舒氏對不同地方的喜惡。「露天夜總會」與「大笪地」是香港的地道用語，吳昊（1948- ）於

---

[70]　舒巷城：《燈下拾零》，〈可愛的大牌檔〉，頁 80。

[71]　舒巷城：《燈下拾零》，〈可愛的大牌檔〉，頁 81。

[72]　此處所提到的版本為：舒巷城：《都市詩鈔》（香港：70 年代月刊社，1973 年），後重輯於舒巷城：《都市詩鈔》（香港：花千樹出版有限公司，2004 年）。本文所引用之詩作，均來自 2004 年之版本。

[73]　舒巷城：《都市詩鈔》，〈露天夜總會〉，頁 80-86。

《飲食香江》對此有詳細解釋：

> 「大笪地」（香港俗話，意指「一大片地」），位於現時上
> 環荷李活道公園……在一塊露天的曠地，把吃喝玩樂共冶
> 一爐，就構成了一種特殊的「大笪地文化」，後來知識界更
> 美其名為「平民夜總會」。[74]

「大笪地」於上世紀 60 年代的香港十分流行，是當時市
民聚集消遣的地方。葉輝曾言，舒巷城以筆名石流金發表
的時期，正是舒氏的「寫實時期」，加上詩作以都市為題，
所以作品「所寫的都是我們身邊的，日常生活表面化的接
觸面，比較容易引起共鳴。」[75]〈露天夜總會〉所寫的「大笪
地」便是貼近大眾的場景，詩中先描述不同食店的「開檔」
情況，店家各自準備所需東西，「連讀小學年齡的孩子／ 也
挑起生活的擔子／ 整理碗碗碟碟、枱枱櫈櫈」[76]。舒氏從眾
人工作的仔細描寫，拉闊至燈光璀璨的大環境，呈現市民
為生活而忙碌的眾生相。詩中羅列出「大笪地」款式多樣的

---

[74]　吳昊著：《飲食香江》（香港：南華早報，2001 年），頁 103。

[75]　葉輝：〈淺談舒巷城詩作的三個階段〉，《中國學生周報》，第 1119
　　　期（1974 年 3 月 5 日），第 7 版。

[76]　舒巷城：《都市詩鈔》，〈露天夜總會〉，頁 80-81。

食物 [77]，這些廉價美食加上其他五花八門的「檔口」，構成舒巷城喜歡、嚮往的「平民的『露天夜總會』」[78]。舒巷城於詩中，推介大眾化的「大笪地」，貶低「燈紅酒綠的場所」，更強調那些地方「是窮人的禁地」。舒氏以金錢作衡量，將小市民與富有人家劃分開來，若將詩作與散文對讀，更能體現舒巷城貼近民眾的貫徹思想，以及對當時社會情況所持的態度。

小結

　　舒巷城對香港小市民的觀察，於飲食散文中呈現出多個層次，如微觀之下，舒氏捕捉社會上不同年齡、背景的人物，透過工作情態的仔細刻劃，呈現市民為生活打拼的過程，帶出各自所需要面對的難題。從個人到群體，舒巷城以職業為題，展示香港獨特的飲食文化，記下現時難得一見的飲食風俗。擴大至宏觀的大環境，舒巷城通過飲食場景的呈現，展示市民各自努力的畫面，表現自己貼近市民的創作主張。綜觀各方面的論述，舒巷城對市民的生活有全面、透徹的了解，富多角度的面向。舒氏散文中的飲

---

[77]　詩中提到的食物有煲牛腩、炆草水、東風螺、蘿蔔糕、魚片粥、豬紅粥、雪梨、茅根竹蔗水、五花茶、馬蹄沙、鮮椰汁。詳參舒巷城：《都市詩鈔》，〈露天夜總會〉，頁 81-82。

[78]　舒巷城：《都市詩鈔》，〈露天夜總會〉，頁 85。

食題材，大多來自一般的生活經驗，未見新奇突出的取材描寫，就如松木所言：「舒巷城描寫了別人不屑一提，或者未曾親歷的人間世。」[79] 舒巷城選擇以飲食作切入，走進不同行業，了解市民大眾的生活狀況，由此形成的取材方法，不單見於舒氏的散文，於其詩作與小說中亦能找到對應，彼此對讀之下，更能了解舒巷城傾向平民化的態度，以及他對大眾的注意與關懷。

四、餐桌上的社會與文化

舒巷城的飲食散文中，社會與文化的問題同樣是探討的重要方向，當中牽涉不同範疇，如〈小帳在外〉[80] 談及中國內地食肆討拿小帳的風氣，〈罐頭牛肉與糖精〉[81] 提到抗戰後物資匱乏的情況，其中不少文章，更特別以香港為探索對象。下文擬從社會問題、文化變遷，以及反觀香港等角度，了解舒巷城如何藉由飲食討論香港的社會文化。

---

[79]　松木：〈香港的鄉土作家——舒巷城〉，《香港文學》，第 3 期（1979年 11 月），頁 9。

[80]　舒巷城：《小點集》，〈小帳在外〉，頁 121。

[81]　舒巷城：《小點集》，〈罐頭牛肉與糖精〉，頁 11。

親友與「霸王」——騙食的社會現象

從市民的描寫延伸到更廣泛的社會問題，舒巷城於〈石九仔〉[82] 一文，以過世的童年朋友石九仔為題，寫兩人小時候的相處片段。當時好吃的石九仔以講故事為由，欺騙舒巷城請他吃紅豆粥與白糖糕，舒氏由此想到今昔變遷與故舊人情。同樣的主題於〈「迷八仙」與石九仔〉[83] 中，有不同的探討方向。石九仔於「迷八仙」[84] 中假扮林沖，試圖騙取月餅，但最終仍被識破。回想起昔日的石九仔，舒巷城有情感的牽動。此外，舒氏運用對比手法，進一步將欺騙的問題帶到社會層面：「比起許多大人先生們用各種方法手段騙金錢、地位、名譽，他騙一個月餅吃又算得甚麼呢？」[85] 舒巷城抒發的個人感受，連帶著他對當時社會的控訴。回到石九仔本身，舒巷城則有另一番探討，是與成長環境相關的問題，文中舒氏有這樣的猜想：「如果他在一個合理的社會裏成長，他可能連我那兩個仙士（銅幣）也不會騙去的，不要說那角月餅了。」[86] 依據舒巷城的說法，明顯石九

---

[82]　舒巷城：《燈下拾零》，〈石九仔〉，頁 106-110。

[83]　舒巷城：《燈下拾零》，〈「迷八仙」與石九仔〉，頁 111-116。

[84]　文中舒巷城解釋「迷八仙」言：「可以叫它做露天『神』劇。」詳參
　　　舒巷城：《燈下拾零》，〈「迷八仙」與石九仔〉，頁 111。

[85]　舒巷城：《燈下拾零》，〈「迷八仙」與石九仔〉，頁 116。

[86]　舒巷城：《燈下拾零》，〈「迷八仙」與石九仔〉，頁 116。

仔於不合理的社會中成長，但「不合理」所指為何？文中並無答案，或許指貧窮懸殊，或許指教育資源上的欠缺，但無論如何，舒巷城於文中，藉石九仔騙食的往事，表達自己對當時社會不合理的感慨。

石九仔為飲食欺騙朋友、街坊，有些人則為果腹，選擇到食肆白吃白喝，舒巷城的〈吃霸王飯的人〉[87]便引用相關的故事、新聞，探討當時社會出現的這種飲食現象。文中舒氏以聽聞的「飲霸王茶」[88]故事作開首，連結到現實中「吃霸王飯」的個案，案中事主於吃喝過後，表示身無分文，最終被捉到警署。舒氏強調援引的新聞「不過是順手拈來的一例」[89]，可知「吃霸王飯」的情況於當時並非少見。舒巷城藉由敘述引入對社會的反思，文中舒氏以問句，思考這些人「吃霸王飯」的原因。若從年份追溯，〈吃霸王飯的人〉刊登於 1961 年，回顧當時香港的社會環境，不少市民過著艱苦的生活，劉蜀永於論述社會狀況時指出，50、60 年代的香港市民需要面對「收入微薄」與「物價急據上升」等問

---

[87]　舒巷城：《燈下拾零》，〈吃霸王飯的人〉，頁 160-162。

[88]　舒巷城於文中解釋：「飲茶不付錢，用目前香港人的流行說法，就是『飲霸王茶』。」詳參舒巷城：《燈下拾零》，〈吃霸王飯的人〉，頁161。

[89]　舒巷城：《燈下拾零》，〈吃霸王飯的人〉，頁 161。

題 [90]，於這些因素的影響下，當時的生活越見逼人，以致新聞中「穿着殘舊短衫褲的顧客」[91] 也得去「吃霸王飯」。散文中，舒巷城也嘗試從大環境，回看這位白吃白喝的顧客：「這個社會悲劇的主角之一，這個可憐的『霸王』！」[92] 當中可見舒氏對平民生活的關注，以及對小市民的同情與憐憫。

相近的時代背景下，舒巷城的詩作〈「要營養一番！」〉[93] 則談到另一種騙食行為，內容講述主角「我」被表哥欺騙的經過。詩的開首，「我」已道出自己的經濟狀況：「我全部家財，隨身朝與晚；月頭滿袋水，月尾當飲衫。」[94] 將內容與當時的環境對照，於詩作刊登的 1955 年，部份市民仍過著艱苦的生活，就如詩中的「我」，即使並非拮据，仍得過著不穩定的日子。其後「我」於茶樓被聲稱請客的表哥欺騙，飯後表哥以大額紙幣結帳，於無法找續的情況下，「我」不單要「反客為主」，更被「借」去數十元，因而詩中寫道：「人家霸王茶，食茶樓老闆，表哥霸王紙，食我一大

1
7
4

◎
第四輯

從香港到世界

[90]　參劉蜀永主編：《簡明香港史》（香港：三聯書店有限公司，1998年），頁 266-268。

[91]　舒巷城：《燈下拾零》，〈吃霸王飯的人〉，頁 161。

[92]　舒巷城：《燈下拾零》，〈吃霸王飯的人〉，頁 162。

[93]　舒巷城：《都市詩鈔》，〈「要營養一番！」〉，頁 235-237。

[94]　舒巷城：《都市詩鈔》，〈「要營養一番！」〉，頁 235。

餐。」[95] 詩作以現實的事件為材料,赤裸地呈現當時光怪陸離、人心變異的社會實況。

購物與速食——消費文化的轉變

舒巷城走進社區,不單仔細觀察周邊人物,展示民生問題,也留意到店鋪、食肆的種種變遷,〈大吃小〉[96] 一文談到超級市場的轉變,帶出市民所面對的不同問題。舒巷城記憶所及,新舊超級市場售賣的食物已有明顯差異,舊的只有罐頭食品、凍肉與「丹麥火腿之類的食物」;新的裏頭設有「街市」,出售活魚、乾貨,更有專賣熟食的部門。舒氏以超級市場為題,寫食物種類的增多,目的是帶出由此衍生的社會問題:「超級市場已經搶去了不少小型士多,百貨商店的生意了。」[97] 舒巷城明顯憂慮購物文化的轉變,令平民小店、食肆商販的經營愈加困難。此外,舒氏作為「白領」,也切身處地考慮市民的就業問題,如文中提到,超級市場顧用的人手較一般店鋪少,所以如果「多了一家超級市場,卻少了十家不『超級』的商店」[98],不少超級市場的員工便會面臨失業。舒巷城從生活上的細微處著眼,以飲食

---

[95] 舒巷城:《都市詩鈔》,〈「要營養一番!」〉,頁 237。

[96] 舒巷城:《小點集》,〈大吃小〉,頁 73-74。

[97] 舒巷城:《小點集》,〈大吃小〉,頁 73。

[98] 舒巷城:《小點集》,〈大吃小〉,頁 73。

逸事開頭，寫社會變遷，內藏對市民的關懷。正正因為舒氏的職業身分與敏銳觸覺，才能深入體會市民的生活，文中寫道：「我們生活在一個大吃小、分分鐘擔心失業的社會裏。」[99] 舒巷城從自身出發，以同樣的身分，道出當時香港小市民的心聲。

飲食連結人與社會，逯耀東（1933-2006）曾提到：「不同的飲食習慣和生活習俗，不僅反映這個社會的生活面貌和風格，同時也可以探索這個社會變遷的歷程。」[100] 舒巷城筆下的速食風氣，同樣能夠反映香港飲食文化的流變。先看舒氏 1975 年的散文〈快餐店〉[101]，當時舒巷城對快餐店已不具好感，認為快餐店「愈來愈多」只是大眾「跟風」的現象。舒氏更指大多香港人都希望吃得「自在」，相反快餐店於「連吃都講求效率」的西方能夠「長命百歲」，舒巷城運用對比手法，暗示香港的速食風氣不會長久。及至舒氏 1984 年的詩作〈快餐店裏的斷章〉[102]，也談到對快餐店的意見。詩中提到於快餐店「品味是奢侈的。悠閒嗎，屬於 19 世紀的了。」[103] 當中所描寫的是「進食急速」、「食而不知其味」

[99]　舒巷城：《小點集》，〈大吃小〉，頁 74。

[100]　逯耀東：《已非舊時味》（台北：圓神出版公司，1992 年），〈已非舊時味（代序）〉，頁 2-3。

[101]　舒巷城：《小點集》，〈快餐店〉，頁 40-41。

[102]　舒巷城：〈快餐店裏的斷章〉，載秋明編：《舒巷城卷》，頁 285。

[103]　舒巷城：〈快餐店裏的斷章〉，載秋明編：《舒巷城卷》，頁 285。

的飲食方式，可見舒巷城對速食仍存有負面印象。其後，舒巷城於 1988 年發表另一篇同名散文〈快餐店〉[104]，舒巷城於文中，順時序交代自己對快餐店的看法。若進一步比對兩篇相隔十三年的同名散文，可清楚了解香港飲食風氣與舒氏態度的明顯轉變。舒巷城於早期面對快餐店「往往過其門而不入」，直言自己有先入為主的偏見，認定「這種形式的店子，時興一陣，不會開得太久」[105]，這正好對應他 1975 年的文章。但現實的情況正好相反，如舒氏於文中寫道，快餐店與具「血緣關係的超級市場，默契似地，緊跟着香港急促的生活節奏向前邁步」[106]，香港人的飲食文化逐漸改變，快餐店慢慢為大眾所接受，當中有趣的是，起初帶有偏見的舒巷城，於 1988 年不單「幾乎忘了當時的『預言』」，更放下成見變為快餐店的常客。舒巷城幾篇以快餐店為題的創作，清晰呈現速食文化在香港的發展過程，更富趣味與意義的是，從不同時代的作品，可見舒氏隨時間而改變的思想態度，這不單是作者個人的口味轉變，更是實際的例子，用以展示香港人逐漸接受新飲食文化的過程。

---

[104]　舒巷城：《夜闌瑣記》，〈快餐店〉，頁 15。

[105]　舒巷城：《夜闌瑣記》，〈快餐店〉，頁 15。

[106]　舒巷城：《夜闌瑣記》，〈快餐店〉，頁 15。

檳城與東京——香港以外的反思

於香港，舒巷城有反思社會、文化問題的自覺。身處國外，舒氏於新事物的觸動下，對香港有不同角度的思考，即使是同樣的題材，舒氏也嘗試從多方面探討。以大牌檔為例，舒巷城於香港，提及的是本地小市民的辛勞，相對於檳城，舒氏想到的是香港飲食文化的問題。於〈食在檳城〉[107] 一文，舒巷城先提到當地大牌檔多樣的小食，有香港常見的魚蛋粉、紅豆沙，也有道地的馬來食品，如：沙爹、辣沙 [108]，舒氏於文中逐一羅列當地可見的三十種食物，目的在於借食物的有或無來呈現對比——某些食物仍常見於檳城，但於香港已難得一見。推而廣之，舒巷城想探討的是飲食文化逐漸失傳的問題，舒氏於文中以「砵仔糕」為例，指出這種甜品於香港已愈來愈少人叫賣的情況。於結尾部份，舒氏直接道出想要探討的問題：

> 好些「平夾靚」的大眾化之街頭食品，在此「失傳」，而竟然得之於遠方的城市如檳城。「砵仔糕」只不過是其中之一而已。[109]

---

[107]　舒巷城：《燈下拾零》，〈食在檳城〉，頁 34-36。

[108]　「辣沙」又稱「叻沙」、「喇沙」（Laksa），為馬來西亞和新加坡等地的道地食品。

[109]　舒巷城：《燈下拾零》，〈食在檳城〉，頁 36。

舒巷城對香港食物的留意與著緊，並不限於一時一地，舒氏到曼谷旅遊時，也有相類似的情況出現。〈曼谷行〉[110]中，舒巷城除遊覽寺廟名勝外，也到過當地的華人區，裏面的熟食攤、大牌檔販賣著各式食物，有「燒烤墨魚、沙爹、糕點」，甚至有「香港的大牌檔已經『失傳』了還是很難找到的『潮州』式糖水。」[111]舒巷城身處外地，食物種類繁多，但舒氏不止一次刻意提到與香港對應的食物，有意指出食物於香港將近「失傳」或銷聲匿跡的狀況。這些看似簡單、普通的引介與說明，綜合自舒巷城的敏銳觸覺與仔細觀察，可見舒氏對香港文化的了解與關注。

舒巷城嗜飲咖啡，散文亦曾以此為題，談及個人喜好。於〈東京的咖啡店〉[112]中，舒氏從外地回望香港，藉著飲食來談生活節奏。文中舒氏從飲料與環境著手，寫東京咖啡店的「咖啡好，環境佳」，並提到享受咖啡的過程：

> （案：於東京）你叫一杯咖啡，要坐多久可以多久，沒有人「打擾」你。顧客在咖啡店看書是平常事，香港現在是絕無僅有的了。[113]

[110]　舒巷城：《燈下拾零》，〈曼谷行〉，頁 238-244。
[111]　舒巷城：《燈下拾零》，〈曼谷行〉，頁 240-241。
[112]　舒巷城：《小點集》，〈東京的咖啡店〉，頁 280-281。
[113]　舒巷城：《小點集》，〈東京的咖啡店〉，頁 281。

同是咖啡店的光顧經驗，外地食店的舒適環境，令舒巷城回想香港的情況。舒氏於對比中，暗示香港店家為求多做生意，「打攪」食客、催逼離開的行為，文中從個人意見的抒發，帶出香港的急速生活。詩作〈涼茶鋪〉[114] 雖然並不是取材自國外，但同樣以食店為題，探討香港的生活節奏。舒氏寫到過往的舊式涼茶鋪是「休息或消閒的好去處」，可以慢慢讀報、聽播音機，但當新式涼茶鋪愈開愈多，情況卻變成「茶客匆匆而來，又匆匆而去」，詩中新與舊的對比，清楚展現涼茶鋪的經營模式，以及顧客飲食習慣的轉變。於供、求兩者的相互影響下，香港的生活節奏愈見加快，就連昔日習慣流連涼茶鋪的老顧客，於新式的食店「坐了一陣子／ 就隨着街上的人潮趕路去了」[115]，從簡單的描寫，可知年長一輩已逐漸適應新的飲食模式，也得趕上現代人的急速節奏。

小結

舒巷城通過香港與國外的經歷，從多方面了解香港的社會問題與文化變遷，當中舒氏對香港本地的觀察，嘗試從小童、成人、親戚等角度著手，通過各自不同的故事，帶出市民缺乏支援，以及欺騙成風等問題，這種從多角度

---

[114]　舒巷城：《長街短笛》（香港：花千樹出版有限公司，2004 年），〈涼茶鋪〉，頁 267-270。

[115]　舒巷城：《長街短笛》，〈涼茶鋪〉，頁 270。

論說問題的方法，更能呈現事件的全貌。此外，舒巷城於散文中，一方面描寫市民面對購物與速食文化的轉變。另一方面，作者也同時敍述自身的感受，由此形成的雙重論述，更能突顯事件對當時市民的影響。有別於本地的觀察，舒巷城於國外對香港的反思，於距離間隔之下，能夠有更清晰的思考，並能從嶄新角度，探討香港內在的轉變與問題，而通過外地與香港的對比，也能展示問題的嚴重程度，帶出舒巷城深刻的感受。

五、總結

舒巷城的散文選擇以飲食為題，受他個人經歷所影響，從本文論述記憶與鄉思的部份，已可知舒氏與飲食的密切關係。舒巷城於飲食散文中呈現的香港，由不同元素所組成，具有多個角度和層次，如作者的自身敍述，提到湯圓、叉燒包等香港常見的食物，從而引出個人的經歷與回憶，展示自己對出生地香港的深厚感情。舒巷城的這類敍述，或異於當時香港人的生活，但當中所帶出的點滴感受，也能反映部份香港人的集體印象。舒巷城不單談到自己，也選擇走入大眾，以童工、老闆、食店夫婦等為題，即使同樣是描寫市民的生活，舒氏也嘗試從不同人物與事件作切入，以多重面向呈現單一問題，展現事件的真實性，更能使

讀者對問題有全面的認知。

　　從個人聚焦拉闊至大環境的刻劃，舒巷城帶出的是另一番意義，散文中後巷食攤與大牌檔等飲食地點的大幅展示，呈現出市民努力謀生、打拼求存的真實情況，而對「大笪地」與艇上食店等的描寫，可作為香港獨特飲食風景的珍貴紀錄。於市民以外，舒巷城寫到香港整體的社會問題與文化變遷，文中對騙食歪風、速食文化的論述，不單是從本土反思，亦於外地遠觀香港的狀況，兩者配合之下，舒氏所論說的主題更能立體呈現。

　　舒巷城走進街巷、貼近民眾，憑長時間的仔細觀察，以及對事物的敏銳觸角，才能對香港有如此深入、全面的觀照。從舒氏的個人經歷，以及對市民生活、社會文化的論述，均可深深感受他對香港的深厚感情。正因為「愛之深」才會「責之切」，舒巷城於散文中，每每不加修飾地呈現當時眼見的各種問題。同為小市民的舒巷城，於無法改變現實的情況下，更多時候只能表達自己的感慨。但舒巷城未有因而氣餒，反而像散文中的市民大眾一樣，於壓迫、艱辛的環境下，仍然堅守崗位，為自己的生活而拼搏、努力，寫出更多反映香港現實的作品，這股頑強的生命力，不單見於舒巷城的身上，更貫徹於他的散文當中。

參考書目

專書

杜杜，《飲食與藝術》，香港：明窗出版社，1998年。

秋明編，《舒巷城卷》，香港：三聯書局，1989年。

梁實秋，《雅舍談吃》，台北市：九歌出版社有限公司，1986年。

舒巷城，《都市詩鈔》，香港：70年代月刊社，1973年。

舒巷城，《夜闌瑣記》，香港：天地圖書有限公司，1997年。

舒巷城，《小點集》，香港：花千樹出版有限公司，2008年。

舒巷城，《太陽下山了》，香港：花千樹出版有限公司，1999年。

舒巷城（邱江海），《艱苦的行程》，香港：花千樹出版有限公司，1999年。

舒巷城，《鯉魚門的霧》，香港：花千樹出版有限公司，2000年。

舒巷城，《燈下拾零》，香港：花千樹出版有限公司，2003年。

舒巷城，《長街短笛》，香港：花千樹出版有限公司，2004年。

舒巷城，《都市詩鈔》，香港：花千樹出版有限公司，2004年。

逯耀東，《已非舊時味》，台北：圓神出版公司，1992年。

逯耀東，《肚大能容：中國飲食文化散記》，台北市：東大圖書股份有限公司，2007年。

楊牧編，《周作人文選》，台北市：洪範書店有限公司，1983年。

劉蜀永主編，《簡明香港史》，香港：三聯書店有限公司，1998年。

學位論文

陳曦靜，〈舒巷城的小說研究〉，嶺南大學，碩士論文，2002年。

單篇論文

周蕾，〈一種食事的倫理觀〉，載《作家》，第15期，2002年4月，頁114-119。

東瑞，〈小説化的報告文學——舒巷城《艱苦的行程》〉，載《讀者良友》，第 3 期，1984 9 月，頁 68-74。

東橙，〈那人在燈火闌珊處——舒巷城和他的文學創作〉，載《香江文壇》，第 8 期，2002 年 8 月，頁 73-83。

松木，〈香港的鄉土作家——舒巷城〉，載《香港文學》，第 3 期，1979 年 11 月，頁 8-9。

姚永康，〈描畫社會底層的浮世繪〉，載《讀者良友》，第 3 期，1984 9 月，頁 75-79。

梅子，〈舒巷城之所以為舒巷城——讀《夜闌瑣記》札記〉，載《文學世紀》，創刊號，2000 年 4 月，頁 53-55。

陳智德，〈「巷」與「城」的糾葛——舒巷城文學析論〉，載《城市文藝》，第 4 卷，第 3 期，2009 4 月，頁 39-43。

麥繼安，〈霧之外——談舒巷城的《夜闌瑣記》〉，載《作家》，第 4 期，1999 年 6 月，頁 17-19。

韓牧，〈出發、從我從都市從鄉土——探索舒巷城詩的特點〉，載《讀者良友》，第 3 期，1984 9 月，頁 88-95。

報章、雜誌

葉輝，〈淺談舒巷城詩作的三個階段〉，載《中國學生周報》，第 1119 期，1974 年 3 月 5 日，第 7 版。

鄭匡成，〈吃喝玩樂·春色無邊·銅鑼灣避風塘飲食（二）〉，載《飲食天地》，第 156 期，1991 年 11 月，頁 62-63。

鄭匡成，〈銅鑼灣避風塘飲食·興衰歷史四十多年（一）〉，載《飲食天地》，第 155 期，1991 年 10 月，頁 64-65。

也斯的跨文化飲食地圖：以其詩作為研究核心

一、引言

受戰爭、殖民等不同因素所影響，各國文化有著錯綜繁雜的交流，當中賴以維生的飲食部份，也隨著人的遷移與流動，傳播到不同地方。飲食通過地域的跨越，帶來兩地文化的觸碰，當中接受與抗拒的各異變化，同時能反映人於跨文化時的種種情況。香港作家也斯[1]於不同文類的創作當中，對各地跨文化的人事有多方面的探索，如散文集《越界的月亮》[2]、小說《後殖民食物與愛情》[3]與詩集《蔬菜

---

[1]　也斯原名梁秉鈞。

[2]　也斯，《越界的月亮》（杭州：浙江文藝出版社，2000 年）。

[3]　也斯，《後殖民食物與愛情》（香港：牛津大學出版社，2009 年）。

的政治》[4] 等，均有穿越文化國度的相關論述與故事，當中更有不少以飲食作為題材。食物不單是烹調的材料，也是創作的元素，從中可見食物與人之間存有多種關係，也斯曾言：

> 食物在日常生活裏不可少，具體又多采多姿，在種種人際關係和社會活動中都有它的位置，顯示了我們的美感和價值觀，連起偏執和慾望；雖然過去嚴肅和高雅的作品不以它入詩，對我來說卻實在是想反覆從不同角度去探討的好題材。[5]

飲食能廣泛應用於不同範疇，逐漸成為也斯詩作的題材。也斯於 1997 年開始創作與飲食相關的詩，並於同年聯合藝術家李家昇，於溫哥華舉行名為《食事地域誌》(Foodscape) 的詩與攝影展覽，也斯創作的「詩由香港文化出發，也寫到散居海外的華人」[6]，因此機緣，詩、攝影、飲食與文化四者構成緊密聯繫。

飲食透過詩，更能展現豐富的意涵與牽連，也斯曾提到：「食物既連起社會與文化，又連起私人的慾望與記憶，

[4] 梁秉鈞，《蔬菜的政治》（香港：牛津大學出版社，2006 年）。

[5] 梁秉鈞，〈食物、城市、文化——《東西》後記〉，《東西》（香港：牛津大學出版社，2000 年），頁 167。

[6] 〈羅貴祥、梁秉鈞對談〉，《蔬菜的政治》，頁 137。

有不少豐富的層次。」[7] 也斯的飲食詩，不單能夠訴說各種人事和關係，若以地域界限來劃分，所呈現的是另一番風景。對於跨越地域的人與文化，也斯有自己的詮釋和標準：

> 近年認識好些比較談得來的朋友，雖然來自不同背景，但願意跨越文化差異接觸不同事物，因而彼此頗有同好。好似自己也在重畫地圖，不以地理上的鄉畦籍貫、血緣親屬關係來定遠近親疏，而是另外繪畫，在不同的地點畫上標號，在心理上把它連起來，構成一幅新圖。[8]

也斯於生活中，比劃出自己跨文化的地圖，而這種地域性的風景，葉輝分析得最為明確：「外地的食物和人物於你（案：也斯）是那麼親近，那大概就是你常說的『跨越文化』。」[9] 將人與食物置於世界地圖上，不難發現兩者都有跨越地域的可能，也斯曾說：「食物的旅行，也就是文化的

---

[7]　〈羅貴祥、梁秉鈞對談〉，《蔬菜的政治》，頁 142。

[8]　也斯，〈詩、食物、城市〉，《香港文學》期 191（2000 年 11 月），頁 54-59。

[9]　葉輝，〈《東西》的若干讀法〉，收入於陳智德、小西編，《咖啡還未喝完：香港新詩論》（香港：現代詩研讀社、文星文化教育協會，2005 年），頁 95-96。

旅行。」[10] 隨著人與食物的移遷，各地的文化亦因此而不斷流轉。

綜觀歷來論及也斯的文章，當中飲食的部份，較多是以《後殖民食物與愛情》為研究對象，如葉月瑜剖析小說如何運用蒙太奇的手法，將食物與人事緊密串連[11]。另，趙稀方借小說中食物帶出的人際關係，論述香港後殖民的處境[12]。相比之下，以也斯的詩作為題的研究，並不多見，鴻鴻對〈黃色的辣椒〉的介紹與分析[13]，是當中較明顯與飲食相關的文章。跨地域的人、食物與文化，有著相互牽連、錯綜複雜的關係，也斯的飲食詩當中，有大量涉獵跨文化現象與問題的材料，因此本文擬以飲食角度切入，透過也斯的詩作，重塑也斯的飲食地圖，從宏觀的角度，探討文化多樣性的問題，以及跨越文化的種種困難，進而闡述遷移、殖民對人與文化帶來的影響。

---

[10]　鄧小樺，〈歷史的個人，迂回還是回來——與梁秉鈞的一次散漫訪談〉，收入於葉輝主編，《今天‧香港十年》（香港，牛津大學出版社，2007年），頁26。

[11]　葉月瑜，〈香港秘聞：也斯的蒙太奇食譜——讀《後殖民食物與愛情》〉，《香港文學》期303（2010年3月），頁89-91。

[12]　趙稀方，〈從「食物」和「愛情」看後殖民——重讀也斯的《後殖民食物與愛情》〉，《城市文藝》期32（2008年9月），頁67-72。

[13]　鴻鴻，〈甜椒和也斯〉，《文學世紀》期6（2000年9月），頁12。

二、「豉椒炒」與「白酒煮」——探析文化的多樣性

　　要研究跨越地域的文化轉變，先要了解各地文化本身是否存在差異，也斯於〈青蠔與文化身分〉中，提到各種不同的意見，闡述了自己的主張。於文化領域與身分的問題上，有人認為文化藝術是「純粹的、世界性的。東方？／西方？並沒有甚麼大不了的分別。」亦有人說，相異的文化身分是可以簡單地融合和替換，並揚言「誰要說文化身分那樣老套的問題？」面對這些意見，也斯沒有正面回應，只是對青蠔[14]的身分提出質疑，「都說青蠔沒有身分的問題／也許是這樣？在布魯塞爾[15]／我們照吃加拿大的青蠔」表面上，也斯似乎更關心食物，但其實內裏是借青蠔來比喻文化，藉以回應文化世界性的問題。於質疑過後，也斯就借青蠔來直抒已見：

> 那青蠔呢？
> 可我總覺得不是那麼世界性
> 有些地方養得肥美，有些乾瘦
> 由於營養不良，或是思想過度
> 不計代價地發展工業的地方

---

[14]　青蠔（Mussel），又名貽貝、青口。
[15]　布魯塞爾位於比利時。

化學廢料流入河裏，令青蠔

變了味道。有些連帶著泥沙

有些盛在銀盤裏，用白酒煮

用豉椒炒，肯定適合不同的口味。（節錄）[16]

　　也斯明確道出文化「不是那麼世界性」的主張，指出各地文化的狀況——豐富、貧乏、不夠資源發展或受城市發展所影響，而經由不同煮法烹調出的「文化」，有各異的面向與口味。對於文化身分的問題，也斯以同樣的手法，將青蠔比喻為不同的藝術家或文化人，「可是宇宙裏／ 老是有不同的青蠔哩，帶著／ 或窄或寬的殼」，藉以論述文化身分的獨特性。也斯指出世界上有各式各樣的文化身分，進而他以青蠔自況，「中國的青蠔離了隊／ 千里迢迢之外，還是不自覺地流露了／ 浸染地成長的湖泊」，詩中也斯以自己為例，說明藝術家或文化人，即使飄洋過海、身處異鄉，仍是會「不自覺地流露了」故鄉的文化氣息。最後，就如也斯所言，「青蠔有牠的歷史／ 並沒有純粹抽象的青蠔」，文化並

[16]　也斯，〈青蠔與文化身分〉，原刊於 Images by Lee Ka-sing; poems by Leung Ping-Kwan; English translation by Martha Cheung, *Foodscape*（《食事地域誌》）,Hong Kong: The Original Photograph Club Limited, 1997. 詩第 6 首。另外，〈青蠔與文化身分〉亦收入於梁秉鈞，《帶一枚苦瓜旅行》（香港：Asia 2000 Ltd，2002 年），頁 232。

不是純粹抽象的概念，當中必定有其產生的背景，而且往往有跡可尋、各具差異。也斯以食物為例，否定了文化的世界性，他於詩作〈豆汁兒〉[17]中，也提到飲食文化「同中有異」的情況，詩中的「你」像是在地人，「問我能喝豆汁兒嗎」，豆汁兒經發酵，有股酸餿味，是味道奇特的飲料，不是每個人都喜歡，就連道地的北京人亦未必能接受，從趙珩第一次喝豆汁兒的經歷，便可知一二：

> 等到豆汁端上桌，我卻傻了眼，眼前是一碗灰綠色的東西，用鼻子聞聞，又酸又餿……喝完最後一口，真是如逢特赦。繼而是陣陣惡心，簡直要吐。[18]

豆汁兒的惡夢縈繞趙珩二十年，作為遊客的「我」卻欣然接受，更吃了不少道地的北京小食──「疙瘩湯」、「爆肚」、「棒子粥」、「麻豆腐」，「我」好像完全融入「你」的飲食文化，但原來「我」與「你」的口味不盡相同，「破綻」在於「我不喜歡灌腸」，最後「我」亦道出「你/ 發覺我與你口味不一樣」的情況。兩人口味上的細微差異，顯示飲食文化裏的「同中有異」，同樣，各個地方的文化亦不可能完全相同。

---

[17]　梁秉鈞，〈豆汁兒〉，《蔬菜的政治》，頁 4。

[18]　趙珩，《老饕漫筆：近五十年飲饌摭憶》（北京：生活讀書新知三聯書店，2001 年），頁 55。

說不出的味道，看不懂的食譜——文化跨越的種種困難

也斯曾說：「我喜歡生活在不同城市，接觸不同文化，但又同時知道跨越文化是不容易的。」[19] 各地的文化存在差異，若要跨越地域、進入另一種文化，確實頗具難度，除要面對不同事物外，更要衝破語言局限。言語不通不單做成溝通上的困難，亦影響彼此了解，形成融入文化的巨大障礙。

文化各異加上語言不通，容易造成文化誤讀，也斯曾提到：「不了解事物本身而只作字面翻譯，就會產生問題，是在翻譯中失落了文化。」[20] 如香港的瑞士雞翼，是以豉油與糖烹制的菜式，本身與瑞士毫無關係，但因為味道偏甜，有人便誤將「甜味」的英文「sweet」聽作「瑞士」的「Swiss」，由此雞翼被冠以外國身分。又如客家擂茶，當中「擂」字有研磨的意思，正好配合「擂茶」材料的處理方法，擂茶流傳到南洋後，英語將「擂茶」翻譯成「thunder tea」或「thunder tea rice」，中文變成「雷茶」或「雷茶飯」的意思，「雷」為天然現象，只是讀音與「擂」相同，跟「擂茶」毫無關係，王潤

---

[19]　梁秉鈞，〈食物、城市、文化——《東西》後記〉，《東西》，頁170。

[20]　鄧小樺，〈歷史的個人，迂回還是回來——與梁秉鈞的一次散漫訪談〉，收入於葉輝主編，《今天・香港十年》，頁22。

華分析此問題時説:「『擂茶飯』在英文裏稱為『雷茶飯』那是一種明顯的誤讀。」[21] 由此可知,文化與語言不能互通,很容易引起種種誤會。

也斯向德國朋友介紹傳統食材時,同樣遇上語言阻隔的問題,其詩作〈人面〉以廣東的「人面」[22] 為題,描寫其味道與形狀,但若要以外語詮釋本地的飲食文化,也斯同樣抱有疑慮,他於後記中提到:

> (案:人面)這微酸的青欖,是調味的佳品,可用來蒸魚雲或肋排,是開胃的夏日菜餚。當蒸軟了表皮,便會露出了像人面形狀的凹凸硬核,但怎樣把它翻譯成另一種言語令別人明白?説它是橄欖?是前菜?當我們嘗試用另一種文化能夠接受的觀念去解釋自己,我們可又擔心會失去了原來的具體形貌,原來的文化意蘊。[23]

也斯於文中道出憂慮的原因,指出自己於不同語言環境下,未能完全表達自己的局限,加上外國沒有人面這種

---

[21] 王潤華,〈飯碗中的雷聲:後殖民／離散／南洋河婆客家擂茶〉,收入於焦桐主編,《飯碗中的雷聲:「客家飲食文學與文化國際學術研討會」論文集》(台北:二魚文化事業有限公司,2010 年),頁 10-25。

[22] 人面,又稱人面果、人面子、仁稔、銀稔。

[23] 梁秉鈞,〈食物、城市、文化──《東西》後記〉,《東西》,頁 171。

食材，煮食文化的不同亦會窒礙德國朋友的理解，所以也斯擔心自己無形中陷入文化誤讀的陷阱當中。除闡述自己文化的困難外，於〈翻譯土耳其菜〉中，也斯同樣遇到言語阻隔的問題，所不同的地方是，他要以自己的語言去翻譯別人的菜式：

> 這些異國的味道總會挑戰
> 我們習慣的字彙與修辭
> 怎樣翻譯這個古怪的菜名？
> 可是土耳其的佛跳牆？
> 乳酪醬煮羊肉令菩薩也坐不？
> 我們如何可以跳進一窩熱湯
> 撈出那些已溶化的美味骨頭
> 給一個缺席的食客翻譯
> 留在口腔的滋味？（節錄）[24]

於自己的語言當中，未必能找到與外國菜相對應的詞彙，加上不諳熟當地文化，實在難以翻譯。也斯選用不同的方法，嘗試翻譯土耳其菜的菜名，他先以拼湊的方法，以中國菜名「佛跳牆」搭配地方名「土耳其」，以茲識別，甚或更為怪誕，直述菜式的煮法，然後將「佛跳牆」的概念重

---

[24] 梁秉鈞，〈翻譯土耳其菜〉，《東西》，頁 129。

新轉換。也斯於詩中談到「我們」想要「跳進一窩熱湯」，可看成是進入異地飲食文化的過程，湯中「溶化的美味骨頭」是他國的飲食特色或文化精粹，也斯無法通過語言的「翻譯」，完整述說口中的味道。也斯最終都未能想到最貼切的菜名，甚至於道出自己的味覺感受時，對自己的翻譯、描述抱有懷疑。食物的跨地越界，或會令「香料」、「醃菜」等食材的味道改變，若然味道不變，異地的「字典裏可有容它的家居」？食物由一處到另一處，其外形、味道可以完全相同，但兩地的語言未必有相對應的詞彙，因而產生翻譯和溝通上的障礙。也斯所關心的不單是飲食文化，而是透過語言的局限，訴說文化跨越的困難之處，食物的遷移或會為異地帶來語言上的衝擊，因為未必每種語言都能恰當地解釋某些食物和味道，而文化的跨越正要面對這種問題。〈翻譯土耳其菜〉的最後提到，「你夾帶把神秘的經文偷帶過海關」，土耳其食譜隨著不同的人到處遊歷，由此衍生的語言衝擊與文化越界，仍然是日復一日，沒完沒了。

　　不同地方流傳的「經文」各異，於〈家傳食譜秘方〉中出現的「經文」，同樣用以訴說言語的阻隔，當中所不同的是，〈家傳食譜秘方〉中的「經文」是葡萄牙文，而由「經文」撰寫成的「神秘的冊頁」，實際是祖母遺下的葡萄牙文食譜。〈家傳食譜秘方〉的背景是澳門，內容講述詩中的「我

們」想尋找失落的殖民地回憶，飲食是其中一種追思的途徑，「我們」懷恤過去祖母烹調的葡國風味，「但自從她去後／沒人能再調出同樣的味道」，因為澳門回歸中國，「我們」逐漸遠離葡國文化，加上不懂葡文，所以「姪娌間妒忌地爭猜那經文」，嘗試從「神秘的冊頁」（食譜）與「攪拌鍋中」（試驗）尋回昔日的口味。食譜本可作為橋樑，連繫家庭裏的幾代人，但因為語言的障礙，令彼此的交流受到阻隔，年輕一輩因而未能了解葡文食譜，亦無法深入追溯葡國的文化。另外，澳門的情況比較特殊，因為文化的跨越只於一地發生，並無涉及地理上的移遷，這種一地多文化的情況，正受殖民主義所影響（本文第五部份會詳細論述）。

也斯的詩作當中，〈都怪那東京的酒保〉最能了解跨文化的危險性，詩中指出語言不通、文化不同所引發的種種臆測。食物與菜式成為當中的重要元素，穿插於詩文中，或作為文化符碼，或帶出心理隱喻。〈都怪那東京的酒保〉的背景為日本，詩中的「他」來自北美，而「她」則是日本人，內容主要講述「他」面對異國文化時紛亂的心理狀況。「她」本想帶「他」到道地的日本酒吧，但因店鋪不歡迎外國人，因此藉價錢等問題故意刁難，叫他們知難而退。及後，「她」唯有帶「他」到另一家老店，尋找「懷念的里巷人情和食物」，但「他」的文化不同，亦不懂日語，所以沿途所見到

的日文「盡是隱秘的符號」，對「他」來說，尋覓只「是一場陌生的遊戲」。兩人心理上的差異，除與地域文化相關外，言語不通亦直接影響「他」了解「她」的行徑。於文化上，兩人的口味與行為都截然不同，「他」吃的是美式的「漢堡包」、「薯條」與「通心粉」，「她」所懷念的是日本菜，所以當「他」踏入「她」的飲食文化時，對每種食材都有嶄新的體驗，「在魚和豆腐家常的混合底下，到頭來／驚詫地嘗到了杞子的甜和天葵的辣」、「他舉碗一口喝光整碗湯／碗底微瀾裏才發現一片柑皮的甘酸」。也斯描寫飲食，不單展示了兩人飲食文化上的差異，也透過食物隱示「他」面對他國異性時的複雜心情，語言與飲食文化上的不同令「他」逐漸迷失，固有的經驗與文化背景「未教曉他如何去善待」這位日本女子，就如「他從不知道／層層細碎的野菜也各有顧盼的風姿」。同時間，吸引「他」的不只是日本的野菜，還有身邊那位異國的「她」，「他」嘗試於「她」的思想、行為裏捕捉其用意，可惜均告失敗，「迎向那流轉的眼波，他分不出鰻魚和穴子」，「他」面對「她」似是而非的曖昧行徑，如同面對「鰻魚和穴子」，分辨不出當中的細微差別 [25]，「他

---

[25]　鰻魚，一般為河　，腥味、泥味較強烈。穴子，又名星鰻，是海鰻的一種，油脂較少，味道較清淡。鰻魚與穴子形態相近，單憑外表很難分辨。

不知那是邀請，還是拒絕」，「他」一方面擔心若是再「沿著那些粉白的肌理進去有沒有／ 致命的細刺？」，害怕於踏入「她」的文化領域時會觸礁受傷，但另一方面「他」又躍躍欲試，「也許下一道菜／ 他會犯下不可寬恕的魯莽的錯誤」，「他」深怕自己的衝動會帶來冒犯。文化的衝擊令「他」遲疑不決，進退失據，呈現出語言、文化差異所帶來的矛盾，詩作中提到「他只覺跨文化是美麗而危險的」，可看作是也斯藉由作品道出自己的心聲。

三、越洋的「雞飯」，跨地的「菜乾」
——人與文化的遷移

要跨越地域、文化，需要通過重重障礙，即使能夠順利進入異邦，仍要面對彼此口味上的不同。移民以各自的方法，適應他方的生活，嘗試調整自己，以便融入他鄉。也斯於詩作中，便是運用與食物相關的元素，表現移民面對遷移時的不同態度。

也斯所關注的遷移問題，自上世紀 80 年代開始，當時已漸見香港人移民國外的情況，這與 1997 年香港回歸中國有很大關係。要了解香港回歸，可回溯至 19 世紀中葉，清朝經歷兩次鴉片戰爭，簽訂了《中英江寧條約》[26] 與《中英續

[26]　或稱《南京條約》。

增條約》[27]，將香港部份地域（如：香港島、部份九龍半島）割讓予英國。1898 年，清朝所簽訂的《展拓香港界址專條》，將新界、離島等尚未割讓的地方租借與英國，期限為 99 年，即至 1997 年 6 月 30 日為止。上世紀 80 年代初，中國與英國開始談判香港的前途問題，至 1984 年雙方簽定《中英聯合聲明》，確認香港從 1997 年 7 月 1 日起成為特別行政區，中國恢復對香港行使主權，大眾稱作「香港回歸」或「九七回歸」，部份香港人開始擔心前景問題，於政治、經濟等不明朗因素的影響下，不少香港人選擇移民海外。及至 1989 年，北京爆發「六四事件」，令更多香港人對回歸後的前景感到憂慮，甚至失去信心，逐引發持續數年的移民潮。

面對回歸，香港人的取態各有不同，也斯置身其中，有自己的體會。也斯同樣經歷過「六四事件」，內心的情感因而牽動，他曾於訪談中提到：

> 1989 年 5 月，我還在上海出席一個會議，那時已經很多學生在街上，所以覺得很親切，因此六四發生時受到很大打擊，也寫了很多東西……我想理解這些事情或明或隱對我們自己的影響，通過日常的人來看清背後的東西。[28]

[27]　或稱《北京條約》。

[28]　廖偉棠，〈香港作家系列──也斯：在黑夜裏吹口哨〉，《明報周刊》期 2224（2011 年 6 月），頁 88-91。

貼近回歸的日子，部份香港人感到不安，甚至選擇移民，離開家鄉。也斯處身於變化當中，觀察到人與地方的牽連，有自己的觀點與想法：

　　　　當時在藝術中心做了一系列講座，當時有很多人擔心香港會失去一些甚麼，但那是甚麼呢，就是我想探討的。不是以一種大香港的心態來做，而是想藉此反思香港你想珍惜的是甚麼？[29]

　　從以上兩段自述不難看出，也斯面對回歸前的不穩定因素，著意點均放在探索人與社會、時代的種種關係，記錄回歸前後，香港人與地的不同故事，也斯曾說：

　　　　對我們大多數人來說，「九七回歸」衝擊其實並不那麼大，甚至也搞不清楚香港將來怎麼走，有一點迷茫。所以，我想去寫系列小說，寫 1997 年回歸後的香港。[30]

　　也斯的詩作同樣有論及回歸主題，當中對香港人的描寫不受地域所限。透過駐足外國的機會，也斯將觀照的範圍擴大，嘗試了解香港移民身處異鄉的生活。

---

[29]　廖偉棠，〈香港作家系列──也斯：在黑夜裏吹口哨〉，《明報周刊》期 2224，頁 88-91。

[30]　石劍峰，〈也斯談香港文學往事〉，《東方早報‧上海書評》2010年 9 月 5 日，B02 版。

參考也斯 1989 年以前的作品〈巴伐斯街的公寓〉，可知當時他已開始關注移民身處異鄉的情況，詩作的內容主要講述「我們」到多倫多探望朋友，藉以抒發彼此深厚的情感，以及聚少離多的感慨。「我們」與朋友同是移民，朋友住在多倫多，對外地的生活環境不太習慣，因此多次搬遷，以至「沿路都有你們住過的地方」，作品雖無交代「我們」的住處，但「我們」將要去「據說是比較溫暖的地方」，顯然下一站並不是熟悉的環境，亦不是香港這個故鄉。「我們」在與朋友相聚的期間做了很多事，但當中最主要的是到「寶雲街」吃喝：

　　　在寶雲街

　　　我們坐在陽光下

　　　吃叉燒包和春卷

　　　到對街買豆漿

　　　好像又回到了中國人的地方

　　　……

　　　我們說着廣東話

　　　大聲笑起來

　　　去生香園吃雲吞麵

　　　買菜

好像又回到了中國人的地方（節錄）[31]

「寶雲街」（Baldwin Street）是多倫多的「唐人街」，「我們」與朋友在那裏透過語言與飲食，嘗試在遠洋重現舊時的香港生活，於他方尋回昔日的故鄉記憶。食物成為文化的意符，「叉燒包」和「春卷」代表港式的飲食文化，「豆漿」與「雲吞麵」則富有中國特色，加上以母語「廣東話」交談。也斯於詩中疊加故鄉的元素，重複兩次「好像又回到了中國人的地方」，強調食物與言語的影響，展現移民不時懷鄉的深厚情感。懷惦的快樂令人沉醉，但「我們」早知道於回憶的重溯過後，便要返回現實，「沒多久我們又要離開了」，無可奈何的離別引發下次探望的期待，短暫相聚令深厚的感情更加濃縮，「我們」擔心「響亮的喇叭聲」會吵醒朋友，擔心「善兒的花粉熱／貝兒的眼睛痛／不知要繼續到甚麼時候」，還叮囑朋友「不要再在夜班工作」，因為「多倫多的冬天是嚴寒的」，也斯於詩作末段以平淡的語句，描寫「我們」處處為朋友憂心、設想，就如重現朋友間別離時的情景和話語，顯露「我們」對朋友的關愛之情，遷往他方的移民便是靠這種既間斷又親密的關係來相互安慰。

---

[31]　梁秉鈞，〈巴伐斯街的公寓〉，收入於集思編，《梁秉鈞卷》（香港：三聯書店有限公司，1989 年），頁 82-83。

1997 年香港回歸，觸動也斯深入關注移民問題，同年他創作的〈茄子〉與〈菜乾湯〉均以多倫多為背景，兩首詩同樣是訴說移民的種種心態。於〈巴伐斯街的公寓〉中，所流露出移民之間的感情，於〈茄子〉中論述得更為清楚。也斯抽取了茄子煮熟後糊爛的特徵，來比喻同一代移民離鄉別井的情況，詩中講到移民遷徙時，「大家逐漸離開了／一個中心，失去了原來的形相」，移民的離開令原來的地方變得不再一樣，就像茄子「煮糊了的皮肉」與原來茄子的形狀相去甚遠，散落各處的同鄉友人變成粉絲中「煮糊了的茄子」，融入了其他食材、文化當中，彼此存在著卻不容易被發現，「但偶然我們又從這兒那兒絲絲縷縷的／甚麼裏嘗到似曾相識的味道」，移民在不同的地方或能遇上零星的同鄉，慢慢地移民「散開了又／凝聚」，發展出〈巴伐斯街的公寓〉中移民間的親切關係。

　　除移民流落他方的情況外，也斯於〈茄子〉中亦道出移居外地對個人口味的影響。詩中的「我」因茄子引起連串回憶，也想起了「你」的過去，而通過「我」的話語就能清楚明白人、飲食、文化與地域之間的關係，「我們都同時從食物去想／文化的牽連，從身體的反應和口腔的／慾望，去想我們和外在空間的關係」，純以作品為單位，上文闡述了〈茄子〉的深層意義，若從創作的意圖分析，也斯就像借

「我」的口道出創作飲食詩的原因。人、飲食、文化與地域之間的關係錯綜複雜,人們又怎樣帶著飲食文化跨越地域呢?也斯於〈茄子〉中舉出實際的例子說明:

記得你說小時候在台灣長大

爸爸是廣東人,媽媽來自北京

我忘了問你們家怎樣吃茄子

煮熟了涼拌,加上麻油?

是加了辣味的漁香茄子

還是廣東的茄子煮魚、茄子雞煲?

……

你父母當日不知是甚麼心情

隨移徙的人潮遠渡了重洋

言語裏滲入了變種的蔬果

舌頭逐漸習慣了異國的調味 (節錄) [32]

「我」雖然不知道「你們家」怎樣料理茄子,但亦大概數出幾種烹調方法——「涼拌」、「漁香」、「煮魚」或「雞煲」,若細心留意,其實「我」的推斷是以「你」父母的身分為基

---

[32] 也斯,〈茄子〉,原刊於 Images by Lee Ka-sing; poems by Leung Ping-Kwan; English translation by Martha Cheung, *Foodscape*(《食事地域誌》),詩第 9 首。另外,〈茄子〉亦收入於梁秉鈞,《帶一枚苦瓜旅行》,頁 244-246。

礎，「我」將來自廣東和北京的父母，與中式的煮法相連，無形中已將人與飲食文化互相緊扣。人與飲食文化有著密切關係，但飲食文化本身則存有不同的可能性，及後「你」父母兩人從台灣移居到多倫多，固有的飲食文化因地域的跨越而受到衝擊。移民要融入異地，多少會受到外國文化影響，他們要衝破溝通障礙，要學習當地的語言，要適應他鄉的生活，口味亦要相應調整，因而「舌頭逐漸習慣了異國的調味」，由此能看到地域對文化、飲食與人的實際影響。

於跨地域的文化轉變當中，也斯除了探討食客口味的改變，亦從供應的角度入手，指出廚師烹調方法上的調整。〈新加坡的海南雞飯〉以海南雞飯為核心，串連「我」於遷移時的不同考慮，從詩題已可知道，新加坡是「我」的目的地，但究竟詩中的「我」原住何處？從考究新加坡海南雞飯的源流，或能找到相關的資料。關於海南雞飯的最初來源，也斯指出：「新加坡的 national dish 海南雞飯，從海南島移到新加坡」[33] 也斯認為海南雞飯源自海南島，而林金城於〈尋找海南雞飯的起源〉中，亦提出相同的意見：

> 海南雞飯起源自海南「文昌雞飯」的說法，已是不爭事

[33]　鄧小樺，〈歷史的個人，迂迴還是回來——與梁秉鈞的一次散漫訪談〉，收入於葉輝主編，《今天·香港十年》，頁 26。

實，問題是當地人並沒這個稱謂，所以很多人在早期到海南尋根時找不到「海南雞飯」，就以為那是一道海南人在海外南洋的飲食再創。[34]

林氏認為海南雞飯創自海南島，王潤華於〈新加坡多元文化的美食〉中亦曾就此問題，提出完全相反的見解：

> 以前以為是從海南島傳過來的，後來才考定是本地華人所獨創。它所以被稱為海南雞飯，主要是做這生意的，多是海南人。像新加坡最老招牌的「瑞記」便是海南人所經營。[35]

雙方對海南雞飯的起源雖然說法不一，但可以肯定的是，曾經有海南人遷移到新加坡，他們懂得烹調雞飯，於新加坡以售賣海南雞飯為生，而當中的雞飯與海南雞飯是否相關，本文暫且不論。由此可以假定，〈新加坡的海南雞飯〉中的「我」是由海南島遷往新加坡，而且諳識烹調雞飯的手藝，並嘗試於兩地人的口味當中找到平衡：

> 我可有最好的秘方

---

[34] 林金城，〈尋找海南雞飯的起源〉，《知食份子尋味地圖》（馬來西亞：有人出版社，2009 年），頁 58。

[35] 王潤華，〈新加坡多元文化的美食〉，《榴槤滋味》（台北：二魚文化事業有限公司，2003 年），頁 105-106。

用沸水把雞浸熟

在異鄉重造故鄉的鮮嫩

安慰飄洋過海的父母？

我可有最好的秘方

調製最美味的醬油和薑茸

調節食物與語言裏的禁忌

適應新的餐桌的規矩？

我可有最好的秘方

用雞湯煮出軟硬適中的熱飯

測試油膩的分寸在異地睦鄰

黏合一個城市裏多元的胃口？[36]

也斯於詩中三次提到「我」希望能調製出「最好的秘方」，展示「我」對烹調方法的重複思考，同時帶出「我」面對跨越地域、文化時的不同憂慮。依循也斯的分段方式，可將詩作分成三個層次。首段著重的是「重造」，而且要源用「故鄉」的做法，因為雞飯要「安慰飄洋過海的父母」，由此引出「我」所擔憂的是，口味能否被新加坡的海南移民所認同。「我」想保留雞飯的原有特色，也希望手

[36] 梁秉鈞，〈新加坡的海南雞飯〉，《蔬菜的政治》，頁 14。

藝為新加坡人所接受，正如第二段強調的「調節」，詩中提到「我」需要面對「食物」和「語言」上的「禁忌」，於菜式味道與日常生活兩方面，「我」均需加以調整，以便融入新環境，讓在地的新加坡人能接受。新加坡匯集來自不同地方的人，「我」需要進一步通過「測試」，平衡雞飯的「軟硬」與「油膩」程度，拿揑適度的「分寸」來迎合「城市裏多元的胃口」。

　　無論身處異鄉的移民是何種身分，或抱持甚麼態度，原居地的食物於他們的心目中，同樣佔據重要的位置。食物最能盛載故鄉的滋味與回憶，也斯於〈菜乾湯〉中，展示了食物與移民的密切連繫，並以一場異地的婚禮作對比映襯。詩作的背景是多倫多的唐人街，內容講述一對新人正舉行中式婚禮。席上的「我」是一位移民，處於這個東西文化交融的情景，「我」表達了自己的意見，「唉，他們好似想保存/ 過去的生活方式在一個陌生的世界裏」，「我」清楚指出這場婚禮的根本意義，對於身處異地的「我」來說，能夠於他鄉遇上舊有的文化，理應欣喜、嚮往，但「我」反而失望嘆息，因為婚禮不過是徒具虛形，有形無實，未能勾起「我」的半點回憶，當中雖然見到「陌生的/ 旗袍上繡著龍鳳」，但席上越南人的「高聲唱歌」，以及「帷幕上」「閃著拼音的名字」，「我」都一概不懂，令「我」始終未能投入這場

跨文化的婚宴。面對格格不入的場景，「我們」「只好低頭喝例湯」，口中的滋味猶如鑰匙，開啟回憶的大門，「新鮮的蔬菜煮好曬乾了，在熱湯裏／逐漸喚回舊日的滋味，煮出了記憶」，「我」雖然已經忘記上次喝菜乾湯的時候，但菜乾內藏的記憶與意義，「我」卻能一一細數，娓娓道來：

> 曾在晴天的太陽下曝曬，霉雨時收回
> 屋內，親人來往饋贈，收起來
> 堆在不知名的雜物中間，混和了
> 年月和灰塵的氣味，慳儉裏的
> 慷慨，然後是既謹慎又冒險的
> 連根拔起可又藕斷絲連的遠行
> 去到沒有親人的異地（節錄）[37]

曝曬菜乾所需的時間，等同感情上的累積，彼此透過相互饋贈，傳遞深切的關懷，菜乾隨移民飄洋過海，移民透過熟悉的味道追思故鄉，最平凡的食物隱含最深厚的意義，這一點作為移民的「我」亦深深明白。

飲食雖然不是移民懷愐的唯一途徑，卻最能喚起他們

---

[37]　也斯，〈菜乾湯〉，原刊於 Images by Lee Ka-sing; poems by Leung Ping-Kwan; English translation by Martha Cheung, *Foodscape*（《食事地域誌》），詩第 8 首。另外，〈菜乾湯〉亦收入於梁秉鈞，《帶一枚苦瓜旅行》，頁 240。

昔日久居故鄉的記憶，以及安慰他們漂洋過海的心靈。也斯於詩作當中，展示了食物與移民的密切關係，更進一步探討這種關係的轉變。〈菜乾湯〉中除「我」以外，還有較年輕的「孩子們」，他們是移民的後代，成長的背景與思想都與「我」迥異，從他們對菜乾湯的看法便可略知，「孩子們不欣賞這怪味道」，亦「不喜歡／曬乾或醃製的蔬菜」。「孩子們」不喜歡菜乾，可能純粹是出於口味上的判斷，但背後所帶出的問題是「孩子們沒有霉雨的記憶」，他們不像「我」這一輩移民，「我」於口味或記憶的層面上，都與菜乾有著不可分割的連繫，反而「孩子們」抗拒菜乾，更奇怪為甚麼「這過氣的唐人街酒家，擠滿了亞洲人／吃的東西都太鹹」，新生代的「孩子們」於多倫多成長，習慣外國的口味，面對「我」故鄉的中國食材、菜式、文化、歷史，均全然感到陌生，甚至抗拒，而「我」亦知道問題的存在，但兩代人處於不同的地域與文化氛圍，「我該怎樣解釋菜乾的／來源？怎樣由過去的口味變化到今天？」，箇中糾結的關係與文化差異，實在難以清楚解釋。上一代跨越文化、地域的移民，為適應新環境，逐漸改變自己的口味與生活方式，隨著時間與身分的轉變，異國出生的新一代，他們於融入異國文化的同時，卻遺忘了自己原本的血脈與根源，從兩代人對待相同食物的態度，便能明白時間與地域對人的影響。

四、越南的釀田螺，澳門的非洲雞
——殖民下的不同面貌

人與地域的關係多種多樣，移民跨越地域，需要適度調節自己，以便融入異邦。相反，同樣是遷往他方的殖民者，則為殖民地帶來衝擊，無論於文化、食物與口味上，都改變了殖民地居民的固有傳統與思維，而受國家與地域的不同所影響，各個殖民地的情況亦會有所差異，也斯曾提到：

> 談香港不能忽略殖民地背景，但香港作為殖民地跟印度作為殖民地不盡相同、跟越南或韓國作為殖民地也不盡相同，種種歷史和文化，不是從書本上讀來的，是從生活中體驗得來的。[38]

也斯將體驗得來的殖民地經歷，與當地的飲食結合，深入探討殖民主義下的跨文化活動，以呈現各地不同的文化面貌。

殖民者入侵異國，擴展自己的殖民地，於宗教、貿易、文化、教育等各方面都實行嚴格控制，藉以維護國家的殖民統治，同時為殖民地帶來不同程度的影響，也斯於〈釀田螺〉中，便嘗試借釀田螺獨特的烹調方法，來比喻殖民者與

---

[38]　也斯，〈雲吞麵與分子美食〉（後記），《後殖民食物與愛情》，頁256。

殖民地的關係。釀田螺是越南的特色食物,越南曾為法國的殖民地,表面上食物與殖民已有所牽連,也斯於這文化背景上再加以發揮:

> 釀田螺是一種越南食物,但另一方面也是想寫人在殖民的處境,與原有脈絡割離,被拋入另一種文化中,追隨之而以為會是一種增值。[39]

也斯明確指出〈釀田螺〉的創作意途,詩中撮取了菜式與殖民的共通點,以說明越南作為殖民地的情況。〈釀田螺〉分成上下兩部份,首段從田螺的角度,講述釀田螺的做法,次段從殖民地居民的角度,探討法國對越南的影響,以下嘗試以並置的方法,將兩段詩平衡對讀,以便呈現當中的相同之處:

把我從從水田撿起	把我拿出來
把我拿出來	使我遠離了
切碎了	我的地理和歷史
加上冬菇、瘦肉和洋蔥	加上異鄉的顏色
加上鹽	加上外來的滋味
魚露和胡椒	給我增值
加上一片奇怪的薑葉	付出了昂貴的代價

---

[39] 鄧小樺,〈歷史的個人,迂迴還是回來——與梁秉鈞的一次散漫訪談〉,收入於葉輝主編,《今天‧香港十年》,頁26。

為了再放回去　　　　　　為了把我放到

我原來的殼中　　　　　　我不知道的

令我更加美味　　　　　　將來 [40]

　　於首段，代表田螺的「我」被人「從水田撿起」，再從殼
裏「拿出來」。相對次段，「我」作為越南人，被殖民者從固
有的文化與歷史中抽離。其後，兩個不同的「我」卻有相同
的遭遇，田螺被「切碎」，混入各種食材與調味料，味道變
得複雜，已異於原有的味道。同樣，越南人被灌輸法國文
化，得接受殖民者所帶來的種種一切，看上去殖民者是「給
我增值」，實際上是他們投資與控制的手段，而「我」亦逐
漸偏離舊有的文化。調製過後，螺肉被放回殼中，「我」就
像事前已預知自己加工後會變得更好，最後烹調的人確實
「令我更加美味」。相反，越南人被法國統治後，「我」被「放
到／ 我不知道的／ 將來」，「我」不明所以地被改變，結局更
是不可預知。也斯於〈釀田螺〉中，透過食物與殖民的異同
之處，指出越南人被法國統治後的被動處境，以及他們對
前路的迷茫，當中所展示出的殖民問題，亦不限於一處一
地。〈釀田螺〉以越南為例，是因為釀田螺與越南關係最近，
推而廣之，也斯背後所抱持的是更宏觀的角度，以探討殖

[40]　梁秉鈞，〈釀田螺〉，《蔬菜的政治》，頁 16。

民主義對各個殖民地的影響。

　　殖民者於殖民地可以純粹灌輸自己的語言、文化，但並不一定如此，殖民者或於不經意之下，為殖民地引入多方的人流與口味，由此帶來紛繁的改變。也斯於〈耶加達黃飯〉中，敍述印尼各式各樣的食材，藉以呈現殖民地多樣與混雜的文化。詩中所提到「餐桌的海岸線上無數小島」，實際是指印尼境內的摩鹿加群島，因當地盛產胡椒、丁香、肉桂等香辛料，所以又稱為「香料群島」。香料曾經是昂貴的貨品，15 至 17 世紀，葡萄牙、西班牙、英國及「覬覦豆蔻和茴香」的荷蘭，曾互相爭奪香料群島的控制權，一度使「大家都沒法把香料殖民」，最後荷蘭成為勝利者，成功於印尼殖民。荷蘭於印尼進行貿易活動，間接打開印尼通向世界的大門，隨著各地往來的交易，「印度」的「香料和咖哩」、「阿拉伯人的串燒」，以及「中國」的「豆豉和菜籽」，紛紛流入印尼，透過當地多樣的食材，可知道印尼混雜的文化來源。多元文化的聚集帶來各異的口味，當中米飯的角色顯得尤其重要：

　　　　米飯是我們共通的言語
　　　　米飯是我們安慰的母親
　　　　米飯包容不同的顏色

米飯燙貼腸胃裏舊日的傷痕（節錄）[41]

　　於殖民地當中，唯有米飯能夠成為各人共同喜好的食糧，米飯變成彼此的共通之處，就如「共通的言語」能打破隔膜，加上「世上約有半數人口以稻米為主食」[42]，故此米飯可說是最適合不同種族的食物。米飯的本質固然相同，但內裏的意涵卻可以不一樣，米飯能盛載各自的文化與經歷，就如自己熟悉與親切的「母親」，「安慰」各地飄洋過海的移民。

　　面對文化衝擊，各個殖民地均有不同變化。〈鴛鴦〉是也斯 1997 年的作品，同年香港回歸中國，也斯於詩作當中，借鴛鴦這種飲料來比喻香港回歸時的情況。因 19 世紀的鴉片戰爭，香港被割讓予英國，成為英國的殖民地，由此香港深受西方文化的影響。回歸以後，香港成為中國的特別行政區，與中國的關係更加緊密。兩地頻繁的往來，令香港接觸東方文化的機會急速遞增。香港面對東西文化匯聚的處境，與鴛鴦的調配方式十分相近。鴛鴦是道地的香港飲料，由奶茶與咖啡混合而成，也斯提及〈鴛鴦〉時指出：「這詩從兩種不同事物的混合開始。香港一

---

[41]　梁秉鈞，〈耶加達黃飯〉，《蔬菜的政治》，頁 21。

[42]　哈洛德・馬基（Harold McGee）著，邱文寶、林慧珍、蔡承志譯，《食物與廚藝：蔬、果、香料、穀物》（台北：大家出版社，2009 年），頁 302。

向被認為是東西文化交匯的地方，可是這『東西文化的相遇』（原文：East meets West）是以怎麼的形式進行呢？[43]」於東西文化混合的情況下，也斯想探討的是兩種文化觸碰的過程：

> 若果把奶茶
>
> 混進另一杯咖啡？那濃烈的飲料
>
> 可會壓倒性的，抹煞了對方？（節錄）[44]

詩中的奶茶與咖啡如同各異的東西文化。回歸後，以西方文化為主導的香港，流入大量的東方文化，香港一方面傳承中國幾千年的文化源流，另一方面存有英國遺留下的殖民文化，兩種不同的文化會形成怎樣的關係？也斯認為東方文化有可能「壓倒性的，抹煞」西方文化，但於詩的最後也斯指出香港文化的另一條出路，就是東西文化的共存。鴛鴦由奶茶與咖啡混合而成，卻又於它們以外「保留另外一種味道」，鴛鴦失去其中一樣材料，就不能稱作鴛鴦。

---

[43]　也斯著、也斯攝影，《也斯的香港》（香港：三聯書店，2005 年），頁 157。

[44]　也斯，〈鴛鴦〉，原刊於 Images by Lee Ka-sing; poems by Leung Ping-Kwan; English translation by Martha Cheung, Foodscape（《食事地域誌》），詩第 1 首。另外，〈鴛鴦〉亦收入於梁秉鈞，《帶一枚苦瓜旅行》，頁 216。

同樣，香港的文化是由東西不同的文化所構成，失去其中的一種，香港就失去本身的文化特色，正因為這種混雜性，養成香港人的「八卦與通達，勤奮又帶點／散漫」的性格，這就是於純粹的東西文化以外，香港獨有的「那些説不清楚的味道」。

由回歸所引發的東西文化合流，形成香港的獨特文化，鄰近的澳門於 1999 年，同樣要面對回歸問題，也斯於 1998 年創作的〈在峰景酒店〉，已開始探討回歸為澳門帶來的文化轉變。峰景酒店是澳門最歷史悠久的酒店，隨著這家酒店改變用途，觸發也斯對澳門歷史的各種追思與懷恓，「想起明年今日，回歸後／酒店變成葡國領事府邸／我們再難在迴廊上喝酒了」，為配合澳門回歸，峰景酒店於 1999 年轉為葡國領事府邸，不再對外開放，也斯曾就此感慨：「我們在 1 年前（案：1998 年）獲悉此事，十分婉惜。在望海的迴廊上品嘗殖民地菜式，好似吃出層層歷史的滋味。[45]」也斯所提到的歷史、文化、酒店與菜式，均與殖民有密切關係，這些種種於回歸的轉變當中，各自走向不同的命運。

峰景酒店轉換成領事府邸，不單是用途上的更易，內裏更能體現當地殖民主義的消失。殖民時期，葡萄牙為澳

◎
也斯的跨文化飲食地圖：以其詩作為研究核心

---

[45] 梁秉鈞，〈食物、城市、文化——《東西》後記〉，《東西》，頁 169。

門的統治者，回歸後則變成地方領事，權力範圍的大幅收窄與政治環境的轉變，甚至令「非洲雞也會失去了味道」。非洲雞是葡萄牙人引入澳門的菜式，及後經由澳門人改良。詩中指非洲雞所失去的，其實並非菜式本身的味道，而是菜式背後所隱含的殖民意義。隨著澳門回歸中國，昔日葡國所遺下的殖民痕跡，逐漸被大量的東方文化沖刷、淹沒，陳智德曾指出：「前人對東西文化的思考、交流合作的實踐，構成了澳門歷史圖象一景。但人們只看目前而否定過去，強調回歸而抹殺東西交流合作的歷史。」[46] 陳智德論述的現象，於〈在峰景酒店〉中有相對應的描述，人們關注的是「今季流行的電影」，享受「生日蛋糕的掌聲中擁吻」，追尋「自己想像的好風景」，而存在於繁華、夢幻背後的殖民地建築、文化與歷史，卻漸漸被遺忘，當中仍然堅持追溯舊日足跡的，或許就只有也斯與「對座的前輩」所屬的一群。

回歸所帶來的改變，深遠影響澳門的各個方面，當中唯有飲食文化較能順利保存。於殖民時期，澳門雖然受到葡萄牙的規範和控制，但同時能夠以葡萄牙為管道，接觸世界。葡萄牙曾是世界性的殖民帝國，殖民地遍及非洲、

---

[46] 陳智德，〈遷徙、移民與放逐──梁秉鈞《東西》選讀〉，收入於陳智德、小西編，《咖啡還未喝完：香港新詩論》，頁 109。

亞洲與南美洲，澳門透過葡萄牙作為殖民者的身分，能夠與各地的不同文化接軌，於飲食方面，澳門菜亦混雜了不同國家的特色，也斯曾解說：

> 澳門菜已有 400 年歷史，隨著殖民帶來與異域文化的接觸，它在烹飪上也發展出一種豐富而混雜的文化，有南中國和葡萄牙的影響，也有印度、印尼、馬來西亞甚至非洲和巴西的味道，卻又因應當地口腹的需要，發展出獨特的菜式來。[47]

多元的美食跟隨葡萄牙殖民，於變奏與融入過後，植根於澳門的飲食文化當中，這些飲食元素因殖民而來，卻未有因為殖民者的離開而消失，反而隱藏於街巷鄉里當中，靜靜過度澳門的回歸：

> 只有本地的雜燴把種種舊菜翻新
> 巴西的紅豆煮肉、莫三鼻給的椰汁墨魚
> 到頭來是它們留下來，伴著桌上
> 一種從甘蔗調製成的飲品（節錄）[48]

巴西與莫三鼻給曾是葡萄牙的殖民地，當地的菜式透

---

[47]　梁秉鈞，〈食物、城市、文化──《東西》後記〉，《東西》，頁168。

[48]　也斯，〈在峰景酒店〉，《帶一枚苦瓜旅行》，頁164。

過葡萄牙的航海活動，進入位於亞洲的澳門，菜式經由本地人的重新演繹，逐漸與本土文化融合，消減了當中的殖民色彩，故此飲食能於文化與政治環境轉變時，置身事外，獨善其身，就如也斯提及澳門回歸時所言：「只有食物猶如無權無勢的老百姓倖存下來。」[49]

面對澳門回歸，也斯於〈在峰景酒店〉中，認為與本地菜融合的殖民菜式可以得以倖存。數年過後，也斯再次提及澳門的飲食，然而物換星移，當時在地的殖民菜式已漸漸失傳。〈家傳食譜秘方〉是也斯 2003-04 年的作品，詩中的「我們」憶起活在澳門的殖民地往事，並懷恓昔日的生活與光景，但「我們」卻找不到在地澳門葡菜的煮法，模擬不了舊時熟悉的味道。詩的開首提到：

> 有人說你是辛辣的但你已經
> 不是辛辣的，後來的人
> 把這道菜煮得太乾，忘記了
> 本來的主題，我們在攪拌中
> 逐漸失去了自己（節錄）[50]

[49] 梁秉鈞，〈食物、城市、文化——《東西》後記〉，《東西》，頁 169。

[50] 梁秉鈞，〈家傳食譜秘方〉，《蔬菜的政治》，頁 40。

回歸後，殖民主義的逐漸消失，以致澳門的葡國文化相繼減退，澳門葡菜欠缺傳承，令味道出現偏差，加上年輕一輩不懂其烹調方法，菜式已變得形神盡失，而於殖民文化下成長的「我們」，逐漸忘記過往混雜的文化背景。詩中的「我們」從飲食走進回憶，記起「殖民地大屋中傳出的香味」與「我們」的種種牽連，但卻無法尋回昔日的美味，「我們」雖然知道要用「上好的百加休魚」和「夠強夠醇的葡萄牙橄欖油」，但始終無法令熟悉的在地葡菜「像魔法般重現」，那恰似「神秘儀式」的烹調方法，自從祖母去世後，便只剩下如「神秘的冊頁」的葡萄牙文食譜。殖民文化的消失，連帶已融入澳門的菜式都彷彿「無法挽回」，經由殖民所帶來的各國口味，隨著時間流逝、文化轉變而逐漸褪色，它們雖然能夠過渡回歸的轉變，但最終也逃不過時間的洪流。

五、總結

跨文化的地圖複雜混亂，也斯以飲食作為規劃區分的方法，勾勒出屬於自己的縱橫座標，描繪不同的國別界限。於也斯的詩作能夠清楚明白跨文化所帶來的不同情況與問題。從不同地方的青蠔，可體現世界文化的多樣性，人面與土耳其菜式，則帶出翻譯所引致溝通上的局限。葡文食

譜與日本老店，指出語言不通對文化融入的阻礙。春卷、豆漿為移民尋回故地的思憶，糊爛的茄子隱含一代移民的離散情況。海南雞飯訴說移民的種種考慮，菜乾湯隱含兩代移民的不同心態。釀田螺反映殖民者對殖民地的影響，黃飯、鴛鴦、非洲雞則展現殖民地的迥異面貌。也斯以食材、菜式、食譜、食肆作為創作的元素，可見其取材的廣泛，由此亦能知道也斯對飲食文化的深入了解，以及對食物、菜式的仔細觀察。也斯的飲食地圖廣闊無邊，跨文化的部份只是冰山一隅，其餘的山川河岳、明媚風光，仍有待探索和整理。

參考書目

也斯作品

Images by Lee Ka-sing ; poems by Leung Ping-kwan ; English translation by Martha Cheung. 1997. *Foodscape*（《食事地域誌》），Hong Kong : The Original Photograph Club Limited.

Introduced by Ackbar Abbas; poems by Leung Ping-kwan ; translated by Gordon T. Osing and the author. 1992. *City at the end of time*（《形象香港》），Hong Kong: Twilight Books Company, in association with Dept. of Comparative Literature, University of Hong Kong.

也斯著；也斯攝影，2005，《也斯的香港》，香港：三聯書店。

梁秉鈞，2000，《東西》，香港：牛津大學出版社。

梁秉鈞，2002，《帶一枚苦瓜旅行》，香港：Asia 2000 Ltd。

梁秉鈞，2006，《蔬菜的政治》，香港：牛津大學出版社。

集思編，1989，《梁秉鈞卷》，香港：三聯書店。

專書

也斯，2009，《後殖民食物與愛情》，香港：牛津大學出版社。

也斯，1995，《香港文化》，香港：香港藝術中心。

王潤華，2003，《榴槤滋味》，台北市：二魚文化。

吳昊，2001，《飲食香江》，香港：南華早報。

周蕾，1995，《寫在家國以外》，香港：牛津大學出版社。

哈洛德‧馬基著，2009，《食物與廚藝：蔬、果、香料、穀物》，台北：大家出版社。

徐錫安著，2007，《共享太平：太平館餐廳的傳奇故事》，香港：明報

出版社。

張衛東，王洪友主編，1989，《客家研究》，上海：同濟大學。

梁秉鈞編，1993，《香港的流行文化》，香港：三聯書局。

許永強著，2001，《潮州菜大全》，汕頭市：汕頭大學出版社。

陳智德、小西編，2005，《咖啡還未喝完：香港新詩論》，香港：現代詩研讀社、文星文化教育協會。

焦桐主編，2009，《味覺的土風舞：「飲食文學與文化國際學術研討會」論文集》，台北市：二魚文化。

葉輝主編，2007，《今天・香港十年》，香港：牛津大學出版社。

趙珩著，2001，《老饕漫筆：近五十年飲饌摭憶》，北京：生活讀書新知三聯書店。

劉義章主編，2005，《香港客家》，桂林市：廣西師範大學出版社。

期刊、雜誌

也斯，2000，〈詩、食物、城市〉，《香港文學》，191：54-59。

伍小儀，2005，〈也斯眼中的香港〉，《攝影畫報》，476：10-17。

會議論文

王潤華，2009，〈飯碗中的雷聲（Thunder in a Bowl）：後殖民／離散／南洋河婆客家擂茶〉，發表於「2009年客家飲食文學與文化國際學術研討會」，台灣：國立中央大學。

網頁、部落格

林金城，「知識分子」部落格，http://www.got1mag.com/blogs/kimcherng.php/2007/07/13/ad_a_famma_e_epmc_emmao。

越界的味覺漫遊：論也斯遊記中的飲食意涵

一、引言

從古至今，飲食於純粹的味覺享受與烹調技巧以外，所包含的意涵從不單一，如《儀禮》記載的食器、陳設與禮祭息息相關，《東京夢華錄》呈現北宋市井的飲食風俗，林文月的《飲膳札記》借烹調描寫逸事人情，焦桐的《台灣味道》記錄在地的飲食文化。飲食從來不受疆界所限，旅行中所見的佳餚菜式，有別於家鄉故地的熟悉饗宴，能夠為旅行者帶來味覺與視野上的刺激與新鮮感。這種獨特、富地域性的行旅飲食元素，於香港作者家也斯 [1]（1949-2013）筆下，成為創作的絕佳材料。也斯於旅遊與飲食兩方面的探

---

[1] 也斯，原名梁秉鈞。

索，同樣具有個人的目標和主張。也斯是二次世界大戰後的新生代，不斷累積旅遊經驗，1976 年的台灣環島之旅，是也斯首次乘坐飛機外遊，當中的旅遊經歷，結集成散文集《新果自然來》，也斯於小序中，清楚提到自己的旅遊目的：

> 我想通過旅行和書寫去了解世界、尋找某些素質，從台灣的旅行開始，一直到今天還未停止。[2]

這段文字寫於 2002 年，與也斯第一次外遊的台灣之行相較，相差 26 年，期間也斯踏足日本、德國、中國、美國等地，仍然一直抱持這種探索新鮮事物的態度。也斯於收錄旅居柏林點滴的《在柏林走路》中，提到旅遊的得著：

> 非常珍惜有機會在不同文化之間往來，是因為那讓我體會其他文化、其他生活態度、解決問題的方法，帶給我不少啟發。[3]

也斯將跨地的旅遊看作是「不同文化之間往來」，可見他於遊覽以外，更著重文化的部份，希望藉由旅行，體會他國的文化與生活，吸取遊歷帶來的經驗與知識。也斯的飲

---

[2] 也斯，〈小序〉，載也斯，《新果自然來》（香港：牛津大學出版社，2002），缺頁數。

[3] 也斯，〈後記：從柏林到海德堡〉，載也斯，《在柏林走路》（香港：牛津大學出版社，2002），頁 196。

食研究和論述，同樣富有個人的主張，於品評滋味以外，也斯著重探索內裏的意義，他不止一次提到飲食的複雜性：

食物在日常生活裏不可少，具體又多采多姿，在種種人際關係和社會活動中都有它的位置，顯示了我們的美感和價值觀，連起偏執和慾望。[4]

文中談到飲食的重要性，牽連到個人、社會，以及人與人之間的關係，也斯認為「食物既連起社會與文化，又連起私人的慾望與記憶，有不少豐富的層次」[5]，進一步指出飲食與文化的聯繫。於旅遊與飲食的課題上，也斯著重探討各地的人事、文化和特色，可見他於旅程中的飲食探索、研究與書寫，多樣而且富有特別意涵，值得仔細梳理分析。

綜觀從旅遊角度談論也斯著作的文章，可見區仲桃〈另一種旅程：試論也斯的逆向之旅〉[6]、黃淑嫻〈旅遊長鏡頭：

[4] 也斯，〈食物、城市、文化——《東西》後記〉，載梁秉鈞，《東西》（香港：牛津大學出版社，2000），頁 167。

[5] 〈羅貴祥、梁秉鈞對談〉，載梁秉鈞，《蔬菜的政治》（香港：牛津大學出版社，2006），頁 167。

[6] 區仲桃，〈另一種旅程：試論也斯的逆向之旅〉，載《文學論衡》，總第 15 期，2009 年 12 月，頁 56-64。

也斯 70 年代的台灣遊記〉[7]，以及沈雙〈也斯的行旅美學〉[8]。
集中分析飲食的研究，可見葉月瑜〈香港秘聞：也斯的蒙
太奇食譜——讀《後殖民食物與愛情》〉[9]、趙稀方〈從「食
物」和「愛情」看後殖民——重讀也斯的《後殖民食物與愛
情》〉[10]，以及鴻鴻的〈甜椒和也斯〉[11]。上述各篇對旅遊與飲
食的研究，主題明顯各自區分，未見將兩者結合的分析。
本文擬從飲食的角度，分析也斯的遊記，研究的著作主要
包括《城市筆記》、《新果自然來》、《在柏林走路》、《昆明
的除夕》與《人間滋味》，提及的旅遊地點，包括台灣[12]、日

[7]　黃淑嫻，〈旅遊長鏡頭：也斯 70 年代的台灣遊記〉，載《文學評
論》，第 14 期，2011 年 6 月，頁 33-39。

[8]　沈雙，〈也斯的行旅美學〉，載《香港文學》，總第 340 期，2013 年
4 月，頁 28-29。

[9]　葉月瑜：〈香港秘聞：也斯的蒙太奇食譜——讀《後殖民食物與愛
情》〉，《香港文學》，總第 303 期，2010 年 3 月，頁 89-91。

[10]　趙稀方：〈從「食物」和「愛情」看後殖民——重讀也斯的《後殖民
食物與愛情》〉，《城市文藝》第 32 期，2008 年 9 月，頁 67-72。

[11]　鴻鴻：〈甜椒和也斯〉，載《文學世紀》，第 6 期，2000 年 9 月，
頁 12。

[12]　也斯於 1976 年遊台灣，相關文章主要見於《新果自然來》。

本 [13]、中國內地 [14] 與柏林 [15] 等地方 [16]。本文嘗試先從旅程著手，了解也斯接觸飲食的各個途徑，進而分析遊記中，飲食所表達的種種意涵，呈現也斯行旅飲食書寫的特別之處。

二、接觸飲食的途徑

旅程受到個人喜好、行程規劃、同行旅伴，以及天氣、交通等因素的影響，旅行者即使遊歷的時間、地點相同，實際的遊覽路線、涉獵的風光或遇到的人事，均有差異，由此構成個人的獨特旅程。相比之下，也斯的旅程更為不同，他於旅行前已抱著探索文化、認識人事的前設概念，比起普通的觀光旅客，更多一重關注。同樣，也斯希望藉飲食表達個人、社會的種種情況，於大眾的味道評價以外，也斯更深入探討食材的特性、菜式的做法，以及飲膳背後的歷史文化。本部份通過梳理也斯接觸各地食事的不同渠

---

[13]　也斯於 1978 年遊日本，相關文章主要見於《城市筆記》。

[14]　也斯於 1985-1989 年間遊中國內地，相關文章主要見於《昆明的除夕》。

[15]　也斯於 1998 與 2001 年遊柏林，相關文章主要見於《在柏林走路》。

[16]　也斯曾前往美國、瑞士、法國等地，相關文章主要見於《人間滋味》。

道，嘗試依循他探索飲食的思路，作為進一步探討也斯遊記中飲食意涵的途徑。

自身的飲食探索

旅程當中，飲食不可或缺，旅人於異國尋找美食，或僅為滿足個人的味覺，或包含其他原因。也斯於台灣專程前往詩人商禽（1930-2010）的牛肉麵店，他於文中提到：

> 商禽在永和開一爿舖子賣牛肉麵。寫詩和賣牛肉麵，似乎是風馬牛不相及的兩回事，但商禽卻沒有一絲忸怩或自誇，他很自然地說：他是喜歡牛肉麵的，但卻往往吃不到好的牛肉麵，所以就自己弄起來，並以此維生。[17]

也斯對台灣的牛肉麵感興趣，將飲食與文學連結，透過探訪商禽的麵店，了解朋友與飲食、文學之間的關係。追尋富趣味的歷史和文化，同樣可以是接觸食物的原因，也斯 2008 年往山東大學訪問，閒時四處遊歷，品嚐當地菜式，吃濟南的「老廚白菜、蘿蔔絲炒蝦子、肉末木耳」[18]。也斯不僅注意在地美食，亦希望探索富特色的佳餚：

---

[17] 也斯，〈風、馬、牛肉麵——商禽印象記〉，載《新果自然來》（香港：牛津大學出版社，2002），頁 78。

[18] 也斯，〈回味山東〉，載《人間滋味》（香港：天窗出版社有限公司，2011），頁 73。

我在孔府沒有祭孔，卻想去研究那兒的食譜：吃到一盤白果，用蜂蜜調味，有一個好聽的名字，叫做詩禮銀杏。一品豆腐、芙蓉肉絲這樣比較清淡的菜，令人覺得配得上孔府的名堂。至於乾貝煮雞稱為「吉祥乾貝」，魷魚卷變成「連年有餘」，甚至以瓜的清香配兩隻雛雞的鮮嫩，稱為「一卵孵雙鳳」，不免有點「字眼兒崇拜」。說到「陽關三疊」，儘管意境和名字都好，卻是有把後來的詩人收編進孔府之嫌了。[19]

　　旅行的取向各有不同，旅人到孔府可以作純粹的遊覽，也斯則明顯為了當中的食物。孔府菜非一般菜式，傳承古代官爵之家的飲食文化，菜名與食物相互配合，也斯著眼的是當中文字與食材、烹調方法的聯繫，藉由傳統菜名的點評，關注內裏所牽連的歷史與文化。

　　於刻意的登門造訪外，旅人途經不同地方，總會遇到各種小店、食肆，因而產生接觸當地飲食的機會，構成旅遊與飲食的密切關係。也斯遊突尼西亞時，被櫥窗的甜點吸引，專程進店光顧，他於文中寫道：

　　　　去一爿北非小館喝薄荷茶。我見到店裏櫥窗擺的甜
　　　　點，黃澄澄一片，模樣有點像我們的糖環、有點像我們的

---

[19]　也斯，〈回味山東〉，載《人間滋味》，頁73。

甜糕、有點像煎堆……我見到這些異鄉糕點，就忙不迭拿
起照相機去紀錄。[20]

出國旅行有更多機會接觸新奇的事物，飲食方面亦一
樣，文中提到北非人常吃的甜點 zlebia。陌生食物的外形、
顏色引起也斯的好奇，他趕緊拍照記錄的行為，呈現旅人
嘗試了解異國文化的過程。於食物的形相以外，菜式的聞
名程度同樣會驅使旅人駐足停留，也斯遊馬賽就曾因途經
著名食肆而中途下車：

> 車子經過市區，向北走，離開了我熟悉的地區，經過
> 住宅區，然後又再看見海岸。是風景優美的地帶。再走了
> 兩三個站，車停下來時我無意中看見 Chez Fonfon 的招牌，
> 這不是傳說中馬賽賣魚湯最有名的兩所餐廳之一嗎？我想
> 起今天還未吃過東西呢，連忙趕下車去。[21]

旅程當中，旅人或會專程光顧著名食肆，飲食因而變
成重要的部份，食店轉化為行程中的景點，也斯雖然並非
刻意安排，只是在回旅店的途上巧遇 Chez Fonfon，但於比
較之下，沿路的美好風景未能令他心動，唯獨當地的著名
食肆，使他不顧一切也要特意前往，由此能夠說明飲食於

---

[20]　也斯，〈來自突尼西亞的甜點〉，載《人間滋味》，頁 110-111。
[21]　也斯，〈馬賽魚湯的故事〉，載《人間滋味》，頁 118。

旅程中的重要性，以及在地著名食肆的吸引力。

他者的滋味分享

　　旅程不僅包括個人的經歷，途中或結伴同遊，或遇上各式各樣的人，加上也斯著意探索在地文化，著重溝通，更多機會與當地人接觸，經過彼此的交流，能夠獲得更富地域特色的飲食資訊。也斯遊都江堰，跟從司機的引領，吃到不少好菜式：

> 小朱帶我們到附近的小飯館吃飯。又是白果雞又是糖醋黃魚，又是鹹點又是甜點的，大家吃個不亦樂乎，都說小朱懂門路，這兒的菜比大酒店的還好呢。[22]

　　司機經常駕車到處穿梭，熟悉大街小巷的出色小店，即使是偏僻不起眼的地方，他們都能知曉，經此介紹的餐膳，與普通旅客踏足的食肆相比，菜式更見道地和大眾化。

　　要了解地方的美食，不一定要依賴識途老馬，普通的平民百姓，也可能是懂門路的專家。也斯於台灣靜埔遊走時，遇到當地青年，也斯受邀參與他們舉辦的晚會，期間青年為也斯提供旅遊意見：

◎ 越界的味覺漫遊：論也斯遊記中的飲食意涵

---

[22]　也斯，〈走向未來〉，載《昆明的除夕》（香港：牛津大學出版社，2002），頁9。

就是這樣，我們對要走的路，知道多一點。我們知道
了那兒的小食最棒，那兒的糕餅或是海鮮既美味又廉宜。[23]

　　也斯自由的旅行路線，不受局限，加上他樂於與在地
人溝通，融入當地生活，了解箇中文化，由此所得的飲食建
議，更為地道，有別於普通的觀光旅程。也斯於旅程中，樂
於聽從他人的飲食資訊，並嘗試付諸實行。也斯到柏林，
順道探望朋友的兒子，他帶也斯喝麥啤，建議也斯到當地
的特色小店：

　　　　我在他介紹給我的小咖啡館裏呷着早晨的咖啡。有人
　　在讀早報，幾個年輕人低聲輕快地爭辯問題。旁邊房間裏
　　幾個人在拿東西吃：簡單精美的幾樣東西。果然是個開朗
　　愉快的地方。[24]

　　也斯聽從在地人的意見，不單能夠嘗試價廉物美的食
物，同時有機會通過飲食，從另一角度，深入了解所到之處
的街巷文化，體驗當地的平民生活，呈現旅遊與飲食相互
影響、依賴的微妙關係。

[23]　也斯，〈喜點路燈〉，載《新果自然來》（香港：牛津大學出版社，
　　　2002），頁 39。
[24]　也斯，〈寬敞的畫室〉，載《在柏林走路》，頁 66。

文學與電影的薰陶

也斯於旅程中接觸飲食，除了經過自身的追尋，或聽從他人的意見，部份是受到文學所影響。也斯身為作家、學者，早於文學作品中，吸收與飲食相關的養分，旅行時不免抱持文學的視野，形成接觸飲食的獨特原因。也斯到蘇州遊覽，看到當地的名勝，想起作家陸文夫 (1927-2005) 於《小巷人物誌》所提到的相關景色，逐漸將文學與旅遊連結。其後，也斯的行程以文學作導引，前往探看陸文夫，他帶也斯到食肆晚膳，由此開展飲食的場景：

> 晚上在得月樓吃飯，果然嚐到蘇州菜的特色：精細、新鮮、清淡中又有變化。雪里蕻燒桂魚湯，鮮美無比。光是炒蝦仁，也不同凡響。青蠶豆、頭刀韭菜、鮮筍。……[25]

從文學連結到旅遊，再延伸至飲食，也斯的行走路徑受文學和作家的影響，旅遊的過程和意途，跟普通的觀光旅客有顯著的不同。其後也斯再從飲食回想到文學，提到：

> 吃一口菜，總令人心裏想：也真有嚐遍了生命種種滋

---

[25] 也斯，〈陸文夫的美食〉，載《昆明的除夕》，頁81。

味的小說家，才會寫出〈美食家〉這樣的作品來吧。[26]

陸文夫的著作〈美食家〉是以飲食為題的著作，文中大量描寫蘇州的地方菜式，小說主角朱自治於歷史環境變遷的大舞台，對美食有著熱熾的追求。也斯起初從文學創作到眼前美食，是由想像到現實的體驗，及後倒過來從飲食聯想到小說與陸文夫，則是對文學的再次感受，這種循環的過程，構成旅遊、飲食與文學相互牽連的關係，同時凸現也斯融合三者的創作手法。

也斯習慣從世界各地的文學作品，了解各地的風景和飲食，當中所涉獵的文類廣泛，除小說以外，還有散文與詩作。也斯身處德國，希望以飲食為題，向朋友學習德文，因而談到德國的食物：

> 大家一向覺得德國人特別嚴肅，又覺得德國沒有甚麼好吃，其實不盡然。寫《艾菲絲·貝絲特》的豐坦（Theodor Fontane）是柏林地區有名的散文作家，當年寫了不少在柏林近郊漫步的隨筆，也寫了不少有關家鄉的飲食、水果蔬菜的散文。……有人出版了豐坦與食物的專書。你可以見到這感情細緻的散文家，也特別能欣賞食物的聲色和滋味。[27]

[26] 也斯，〈陸文夫的美食〉，載《昆明的除夕》，頁 81。
[27] 也斯，〈德文老師〉，載《在柏林走路》，頁 72-73。

也斯通過豐坦的文章，已初步對當地的飲食有所認識，相較普通的旅人，也斯從德國作家的描寫，對德國菜能夠有更深層、多面的了解。也斯認識波蘭菜，部份亦透過當地的文學，他於波蘭認識翻譯者奧嘉，言談間兩人提到波蘭菜：

> 說到波蘭菜，奧嘉突然瞪着我：「你為甚麼會知道這麼多波蘭菜？」……我說我去過華沙和克里高夫，是了，還有格但斯克。而且我從中學開始，就看波蘭電影和讀波蘭文學了！[28]

也斯從多方面著眼，通過旅遊、文學，甚至是電影著手，了解一處一地的飲食文化，建構屬於自己的認知材料，再從自身的角度感受和分析，因而對行旅食物的認識與書寫，均富有更深的層次。

小結

也斯的旅程，從多個途徑接觸飲食，不單呈現其豐富的行走路線，同時能夠展現也斯於飲食方面的濃厚興趣，了解他多元的探索意向。也斯憑藉個人對食物的熱情，無論餐膳的經驗是否於計劃的行程之內，他同樣敢於冒險，嘗試異鄉的美食。也斯著重與人交流，聽取意見，熱衷融入當地生活，他從中所得的飲食資訊，繁雜多元，道地而平民

---

[28] 也斯，〈一位波蘭女子〉，載《在柏林走路》，頁 117。

化，有別於一般觀光旅遊的食肆、景點。受到興趣與身分所影響，也斯以文學與電影作媒介，吸收當中的飲食元素，通過旅行作實際的驗證和感受，從而構成特別的飲食途徑，這一點是尤其特別的。總括而言，也斯於旅程當中的飲食部份，不僅是視覺、味覺、嗅覺上的感觀體驗，更進一步是為了探索飲食所在的生活環境，以及了解背後的文化、歷史，甚或是相關的文學、電影，由此能證也斯對飲食的尊重，對食材、菜式的透徹了解，以及對事物的多方觀察。

三、豐富多樣的飲食意涵

也斯從不同途徑接觸各地的飲食文化，認識多國的菜式、食材，他隨之於遊記中描寫、記錄的飲食元素，精彩繁多，取材多樣，指涉不一，本部份梳理也斯遊記當中的飲食部份，嘗試歸納、分類，以了解飲食背後的豐富意涵。

純粹的食味記錄

旅遊中的飲食印記，最簡單的僅作為飲膳場景的記錄，也斯的遊記亦不乏相關例子。也斯訪問山東大學時，常於旅店附近行逛，記下當地目睹的飲食情景：

> 我在附近的街道散步，有時早上也想喝一杯港式奶

茶，或者香濃咖啡。一路走過去，唸著招牌和菜式的名字。結果我嚐到蛤蜊白菜、毛豆、筍、韭菜餃子、黃魚、麵條。我喜歡這兒帶蹼的水煎包。煎餅包大蒜、熏豆腐。[29]

也斯從食慾開始，描述自己的覓食過程，呈現山東街頭多款菜式、小吃，點出個人的飲食喜好。旅行中的餐膳不一定稱心，即使口味不合心意，仍有執筆記錄的價值，也斯於紐約一家餐廳試混合菜，正出現菜式不對胃口的經歷：

　　我嚐到其他的菜有創意又頗出色，魚湯卻有點失望了。我期待雪封城中寂寞氣氛中充滿狂想麗彩的交響樂，端上來卻是素淨日式蔬菜豆腐的魚湯，跟我自己平日煮的差不多。不是東西不好，是與心情不吻合吧了！[30]

也斯認為魚湯不太合乎預期，除了材料與烹調方法外，更大原因是菜式缺乏創意，亦不太配合當時也斯的心情和氣氛，種種相加，構成也斯個人對飲食的評價。旅人不一定都外出用膳，加上也斯著意走入民家，感受當地文化，因此於國外不時有機會嚐到家常菜，也斯於德國受邀往當地的家中作客，在地的朋友親手弄菜做飯：

---

[29]　也斯，〈回味山東〉，載《人間滋味》，頁 78。
[30]　也斯，〈馬賽魚湯的故事〉，載《人間滋味》，頁 114。

> 愷蒂買了一尾特別大的鮮魚，好不容易找到一個大鍋
> 把它蒸熟了。據說魚是鱒魚與三文魚的混種，我看它就是
> 鱒魚的樣子，不過肥扁一點而已，夾一口卻發覺肉帶粉紅。
> 三文魚一般蒸來不好吃，這魚的味道卻特別鮮美。[31]

　　從食材、烹調方法到顏色、味道，也斯逐一仔細刻劃
記錄，看似只是平凡的家常逸事，但置於他國的旅程當中，
正凸現也斯於在地飲食元素的運用，由此帶出富個人化的
的飲食見聞。

了解人生百態

　　旅遊與飲食均離不開人，這不僅指涉旅人本身，亦包
括途中遇到的認識或陌生的人，彼此溝通的同時，通過飲
食的品味與喜好，能夠反映各人的性格特徵。也斯於台灣，
特意到詩人商禽的牛肉麵店，品嚐牛肉麵之餘，同樣關注
麵店的營運環境：

> 因為天氣熱，因為有些人不吃辣或者不喜歡牛肉麵，
> 所以生意也不見得好。有些人走進來，叫一些店裏沒有的
> 東西，然後就別別嘴了。但這牛肉店總是這麼誠懇、認真。

---

[31] 也斯，〈走出熟悉的範圍以外〉，載《在柏林走路》，頁177。

它的素質並不因此有任何改變，它的東西都真材實料。[32]

天氣、生意、顧客等不確定的因素，種種都能構成經營上的困難，商禽即使面對接踵而來的問題，仍以抱持「誠懇、認真」的態度。於個人的層面，商禽不改自己的經營手法和心態；於飲食的部份，他保持一貫的用料和水準。也斯以短短的描述，交代店主與食肆的關係，展現商禽對食物和自我的堅守。

旅程所遇上的人，背景與身分不同，未必初次見面就能融洽構通，食物除了是異地文化的呈現，亦擔當彼此溝通的橋樑。也斯於法國的北非小館，拍攝櫥窗的甜點，店主表現抗拒，深怕是記者胡亂採訪，但通過飲食與交談，氣氛頓時好轉：

> 我們最初覺得他保持住自己的文化，有點拒人千里，談起話來，倒又還能溝通。我說我來自香港，他呢，來自突尼西亞，來了十多年了。薄荷茶來的時候，我說我們喝茶不下糖，他說：下糖才好喝呢！[33]

也斯與店主的相處，是旅行者與當地人之間的磨合過

---

[32] 也斯，〈風、馬、牛肉麵——商禽印象記〉，載《新果自然來》，頁80。

[33] 也斯，〈來自突尼西亞的甜點〉，載《人間滋味》，頁110-111。

程。也斯藉由飲食融入當地生活，了解飲食背後的文化，帶出店主對食物的個人喜好，以及待人處事時的執著。

食物也有好壞，旅人遇到的不一定是好人好事，也斯於成都就碰到不太愉快的經歷，他們一行人晚上到處閒逛，看到賣湯圓的攤檔，決定坐下一試，文中提到：

> 結果我們吃完了結帳，五碗湯圓要十塊多！怎麼這麼貴？不過是幾毛錢的東西。小夥子堅持不讓步，他還說：「我要做通宵生意呵！」這不是理由，但既然沒有說好價錢在先，也只好讓他敲竹槓算了。[34]

也斯本希望藉著嘗試小攤，感受當地生活，但四處探險，也會有碰壁的時候，當飲食變成欺詐的技倆，也斯記下自己被騙的過程，呈現攤販經商不誠實的行徑，構成個人旅遊體驗的一部份。

呈現平民滋味

也斯的旅程著重貼近生活的探索，遊走間，不難遇到當地平民，從他們身上所看到的飲食情態和風俗，最富地域特色。也斯於台灣的知本漫步，欣賞雨後的景色，途中偶見不少蝸牛，帶引出與飲食相關的經歷：

---

[34] 也斯，〈湯圓的故事〉，載《昆明的除夕》，頁 16。

在路上，我們看見三個孩子蹲在路旁，旁邊放了個鐵桶。走過去一看，原來他們正在拾蝸牛。在鐵桶裏，已經拾了半桶，全是這些棕色的蝸牛。……我再問：「是檢來吃的嗎？」其中一個小女孩點點頭。「自己吃的？」她搖搖頭，輕輕地說：「有人買的。」[35]

也斯記錄的雖然不是直接的進食過程，但收採蝸牛作食材的情景有趣特別。食用蝸牛的風俗盛於法國，見於義大利、台灣等地，雖並不罕見，但亦非普遍全球。也斯通過旅遊，通過親身的體驗，能展現當地的飲食特色。無論是行為還是口味上的習慣，均源自於生活，從學習與模仿當地人的想法和取向，能對一地的食物有新發現。也斯敢於融入各地文化，容易察覺平民美食，他於德國逐漸愛上當地麵包的過程，正是從好奇開始：

大學客舍樓下有一所麵包店，每天黎明做出各種美味麵包。我起先早上經過，看見學生排隊，又嗅到麵包的芳香，便也買來試試。起先覺得牛角包輕脆又堪咀嚼，然後試試甜點，跟着發現居然還有咖哩角、甚至波菜和蕃薯角，到最後甚至連有松子的德國黑麵包硬硬的吃久了也覺挺可口。[36]

[35]　也斯，〈知本的蝸牛〉，載《新果自然來》（香港：牛津大學出版社，
　　　2002），頁 19-20。

[36]　也斯，〈走出熟悉的範圍以外〉，載《在柏林走路》，頁 175。

面對異國的飲食和文化，也斯同樣勇於嘗試。於行為上，學習當地人購買新鮮烘焙的麵包。於口味上，逐一品嚐各款味道、餡料多樣的麵包。經由食物引發行為與口味的雙重改變，能令也斯融入當地文化，展示當地人的生活狀況。

要體驗當地飲食，不一定在戶外或店鋪，旅程中到訪在地民家，同樣是了解當地生活、文化的尚佳途徑。也斯遊德國時，受一對老夫婦邀請，到他們的家中作客。女主人烏達招待慇懃，也斯剛到達住處，她便開始準備餐膳，也斯對所見的食物有詳細的記述：

> 她今早在馬爾他島逛街市，心裏早已有了準備，買了新焙好的麵包、羊乳酪，還有種種蔬菜。還有雅芝竹，但要煮半小時。能等嗎？當時可以！食物攤開來：盛在深棕色木盆裏的橄欖、乾辣椒、鹹豆⋯⋯[37]

旅人未必有機會感受民家的生活，也斯透過當地朋友，能夠一探居住環境，文中提到羊乳酪、雅芝竹、橄欖等多樣食物，組成歐洲風味，呈現德國民家的飲食習慣，簡單說明他們的家常滋味。也斯於日本同樣有探訪民家的經歷，不同之處在於，主人家並非熟悉已久的舊友，而是旅途中認識的新知。也斯一行人從青森到北海道，原本準備到青

[37] 也斯，〈老媽媽的花園〉，載《在柏林走路》，頁 138-139。

年旅舍留宿。船程中，也斯認識正在返回余市老家的佐和子，她知道也斯一行人的行程後，邀他們回家作客。佐和子的父親好客，為他們準備豐富晚餐：

> 晚餐吃的是豐富的羊肉燒。邊吃邊燒，旁邊伴上芽菜、馬鈴薯、椰菜和冬菇，吸飽豐富的肉汁。……他把罐子打開讓我們嚐，原來是他自己醃製的雞心，有點像我們的鹵水食物。……見我們對雞心感興趣（也許太感興趣，幾乎整罐吃光了。）又再搬出自己醃的一盆蘿蔔來。那埋在雪中有一段日子，他用菜、味噌汁、肉絲和小魚來醃蘿蔔。[38]

羊肉燒與醃製的菜式均具日本特色，是民家能夠準備的日常餐膳。主人突如其來搬出醃蘿蔔，可知是家中常備的食物，當中運用味噌汁醃製，更顯日式風味。德國與日本的飲食文化固然各異，也斯遊訪不同民家，通過比較能夠了解兩地於飲食上的差異，而經由也斯觀察、描寫而成的遊記，更能從食材、烹調方法上，展示各地民家具特色的飲食習慣。

探討城市轉變

人群聚集形成城市，邊界隱隱劃分眾人口味，飲食與地方有著密不可分的關係，也斯曾說：「我喜歡生活在不同

---

[38] 也斯，〈佐和子的父親〉，《城市筆記》（台北：東大圖書公司，1987），頁 118-119。

城市，接觸不同文化。」[39] 飲食文化正正與城市有著千絲萬縷的牽連。旅人到處遊覽，或能從飲食方面，察覺到城市的不同變遷。旅遊時，著重追溯歷史、探索文化的也斯，能細察當中的變化，他於慕尼克的文化活動，談到城市與食物的關係，也斯先從較遠的時代說起：

> 城市本來由於鹽務生意而興旺起來，往後鹽和酒的生意在歷史上佔了一定的位置。[40]

也斯從歷史源流勾勒出飲食元素，指出鹽、酒與慕尼克的發展息息相關，並一直牽連至今。也斯的分析不限於資料，從古至今，他帶領聽眾沿途步行，了解現時的慕尼克，談到：

> 市內處處麥當勞快餐店，要繼續談民族主義的食物益見困難。我們最後會走到域陀亞里市集，經過土耳其食物的攤檔，然後停在一爿亞洲食物店的苦瓜與茄子面前。[41]

也斯明言，慕尼克受到速食文化的影響，已不同於起初較純粹的飲食文化淵源，加上食物全球化的趨勢，逐漸

[39]　梁秉鈞：〈食物、城市、文化——《東西》後記〉，載《東西》，頁170。

[40]　也斯，〈慕尼克的四面〉，《在柏林走路》，頁113。

[41]　也斯，〈慕尼克的四面〉，《在柏林走路》，頁114。

出現土耳其、亞洲等各國食材，相較舊時單一的德國文化，更富混雜性。也斯通過飲食文化與市場食材的簡單描寫，從中展示慕尼克的變遷。

文化的流轉不僅影響一處的飲食，同時影響一地的人。也斯於台灣淡水，藉由食物訴說往時人們的美德，他於麵攤吃魚丸米粉，看到一婦人用膳後，才發覺忘記帶錢，店主揚手示意改天再算，不一會，婦人拿錢回來付賬。店主與食客往來的日常小事，看在也斯眼中，卻有另一重意義：

> 這些樸素互信的作風，是古舊的小鎮風氣，恐怕會在現代化的都市中逐漸消失的。[42]

也斯借於麵攤看到的食事，感慨固有互信的良好風俗，隨著城市與人的改變而日漸褪色。這種隨時代帶領的轉變，已經可見於當時的淡水，也斯記述逛清水街的情況，寫道：

> 水果最是鮮美，我們坐下來，喝一杯五百 CC 的牛乳木瓜汁和檸檬汁，我沒喝過那麼新鮮的檸檬汁，在那邊，一對青年男女在喝汽水。抬頭看上面木牌上寫的價錢，一杯鮮果汁才不過是五塊或八塊，一瓶可口可樂卻要十二塊錢。[43]

---

[42] 也斯，〈佛塔與十字架〉，載《新果自然來》，頁 2。

[43] 也斯，〈佛塔與十字架〉，載《新果自然來》，頁 4。

作為旅人，也斯喜歡台灣的新鮮果汁，因為飲品道地而且價廉物美，背後同時盛載當地的飲食文化，以至牽連在地的農業、乳業。剛好相反，年輕一輩受潮流影響，傾向選擇外國品牌的汽水。從明顯的價錢比較可知，這已經非價錢上的考量，而是口味甚至是文化上的轉變，隱示新生代逐漸追求外來文化、遠離本地特色的趨勢。

城市與潮流的轉變，不僅影響當地人，亦間接影響到訪遊覽的旅人。也斯到訪上海，總希望遊覽當地固有的人事、景物，了解「新的城市怎樣逐漸從舊的城市變化出來」[44]，但當地的朋友受潮流所影響，著意介紹新事物，更明言「不要光看破爛的東西！……要看新建的大廈」[45]，構成旅人與在地人探索城市時的矛盾。貪新棄舊的情況同樣出現於飲食方面，也斯遊城隍廟時，提到：

> 曲曲折折的欄杆，通向湖心亭，是喝茶的好地方。……但是，你知道嗎？他們現在下午都不賣茶了，賣可樂和咖啡，賺的才多呀！[46]

茶與古雅景色相互配合，本能夠帶出當地的文化蘊味，

---

[44]　也斯，〈飲食的流傳──訪問上海〉，載《昆明的除夕》，頁 48。
[45]　也斯，〈飲食的流傳──訪問上海〉，載《昆明的除夕》，頁 48。
[46]　也斯，〈飲食的流傳──訪問上海〉，載《昆明的除夕》，頁 48。

但因為外來的文化流入，不單顧客的口味改變，店主出售的飲料亦相應調整。店主為賺取更多利潤，將傳統中式茶水換成洋化的可樂、咖啡，不僅破壞景點的氣氛，從中可體現城市風氣的轉變。

轉化創作元素

也斯是作家，他將旅行的經歷轉化成遊記。也斯同時是詩人，因而不少沿途所見的飲食元素，均融入詩作當中，用以表達不同主題。部份詩作所提到的食物，能於遊記上找到對應，更證飲食、詩作與旅遊的關係。也斯與朋友羅傑用餐，豆腐成了當中的主角：

> 我說如今我只吃青菜豆腐。他看餐牌看了許久，選來選去，結果還是沒有遇到適合的對象。／ 於是他也說要吃豆腐。／ 於是我們就說吃豆腐，就像詩中說的那樣，說起各種各樣的豆腐。[47]

文中也斯談到點食豆腐的過程，指出詩作中所提到，從豆腐聯想起的不同菜式。詩作的題材與描述的事件雖然一樣，但處理的方法更富層次，詩的上部寫道：

> 寺門內晚膳只有清湯與豆腐

---

[47] 也斯，〈和食之旅〉，載《人間滋味》，頁85。

沒有手提電話

沒有股票與炒樓

沒有金器和慾望，只有豆腐

連冬菇也沒有，連豆芽也沒有（節錄）[48]

也斯將進食的場景搬到寺院，凸現兩人清心寡欲的決心，詩中列出「手提電話」、「股票」與「炒樓」等生活上的不同事物，正正是兩人希望藉由簡單的湯豆腐，暫時忘卻的種種引誘。也斯運用簡單的湯豆腐作為詩作的轉折，下半部由此衍生出不同的豆腐料理：

我說我以前吃過的

淺綠色的蟹膏豆腐

你說蝦仁松子豆腐

江戶時代就有豆腐百珍的專書

我們都吃過火腿豆腐

蝦子山根豆腐

麻婆豆腐

臭豆腐

各種味道都說起來了（節錄）[49]

---

[48] 梁秉鈞，〈湯豆腐〉，載《蔬菜的政治》，頁 28。

[49] 梁秉鈞，〈湯豆腐〉，載《蔬菜的政治》，頁 28-29。

兩人談到的料理五花八門，味道固然各有不同。於相同的飲膳主題，遊記較著重展示進食的過程，詩作則明顯經過悉心鋪排，兩人從生活的慾望到簡單的湯豆腐，又從豆腐引發口腹的慾望。也斯於詩作中將自我推翻，帶有轉折的戲劇性，詩中亦通過自嘲，反思個人慾望的無窮。

　　飲食連結個人，亦與眾人、歷史相關。也斯於柏林的「文學之家」用膳時，嚐過蕁麻菜湯（Nettle Soup），朋友向他講解箇中意義：

> 我喝到蕁麻菜湯，她解釋説那是戰時窮困的柏林常喝的野菜湯。食譜也有歷史感，不禁令我另眼相看。[50]

　　也斯認識到菜式與戰爭的相關歷史，及後以蕁麻菜湯為題，借食物的烹調手法，表達戰爭對過去與現在的人的影響，當中一段寫道：

> 是火燒一般的葉子
> 曾經灼傷採摘的手掌
> 是我們戰時的貧窮
> 煮成今日的從容
> 是親人的顛沛流離

---

[50]　也斯，〈在「文學之家」喝湯〉，載《人間滋味》，頁 100。

煮成懷舊湯羹的家常

是我們山邊的針葉

煮成今日的甜美（節錄）[51]

詩中提到昔日戰爭的種種慘痛經歷，事件經過時間的洗煉，已逐漸為人所接受。過去的苦難轉化成今日的奠基，讓人們即使面對傷痛的歷史，仍能有輕鬆、暢坦的心懷。

也斯的飲食詩並不是全都帶有明顯的對應主題，也斯嘗試藉由觀察、接觸，與食物對話。也斯遊歷法國，寄住於修道院。一日，朋友愛絲正用午餐，食物勾起也斯對雅枝竹（Artichoke）[52] 的記憶：

愛絲在吃雅枝竹，令我注意起這個過去沒有特別留意的。我記得最先知道它，還是來自讀聶魯達的詩。聶魯達除了寫美洲的歷史和地理、馬曹比曹的廢墟，也寫過番茄和雅枝竹這些日常蔬菜。[53]

雅枝竹為修道院所種，也斯有機會嚐到新鮮的雅枝竹，仔細留意其花葉外觀，由此觸動也斯寫成以雅枝竹為題的詩作。詩中也斯將雅枝竹賦予感情，結合其外貌特徵，嘗

[51] 梁秉鈞，〈蕁麻菜湯〉，載《東西》，頁 54。
[52] 雅枝竹，或作雅枝竹，又稱菜薊、洋薊、朝鮮薊等。
[53] 也斯，〈豹的步伐與雅芝竹的芳容〉，載《人間滋味》，頁 106。

試了解雅枝竹的內涵，當中提到：

> 習慣了把感情收藏
>
> 他不像蕃茄那樣
>
> 咬破了噴得一身都是
>
> 不像榴槤，宣揚強勢的氣味
>
> 雅芝竹是含蓄的
>
> 他帶着自己的歷史
>
> 考驗你的耐性（節錄）[54]

雅枝竹葉片的外皮粗硬，排列成層層包裹的姿態，看上去像是掩藏自己的防衛，也斯抓住雅枝竹這外形上的特點，加注感情色彩，說成是雅枝竹的「感情收藏」與「含蓄」，嘗試從創作的不同角度，詠讚雅枝竹的固守自我和與別不同。

小結

也斯遊歷多國，見識不同的文化歷史、人民風貌，所見所嚐的餐膳、佳餚，五花八門，各具特色。地方與飲食的元素同樣豐富，將兩者相互交疊拼合，不難明白也斯的遊記當中，飲食蘊藏豐富意涵的可能。通過本部份的梳理、分類，能清楚了解也斯於旅程中，運用飲食所表達的各項

---

[54] 梁秉鈞，〈雅芝竹〉，載梁秉鈞，《普羅旺斯的漢詩》（香港：牛津大學出版社，2012），頁25。

東西。也斯看待食物，不僅從外觀、味道著手，更多時候是探索、思考背後所連帶的種種，所以於味道的品評以外，菜式用以帶出多種性格，食材呈現特色生活，食肆反映城市轉變。更切合也斯詩人身分的是，飲食變成創作元素，帶出不同的主題。加上地方盛載的飲食文化各具特色，當中經由食材、菜式所表達的意義，雖然能夠歸類，但實際所指涉的內涵更見多采細膩。

四、總結

於旅遊與飲食方面，也斯均有多方了解、深入探索的預設目的，兩者緊密結合，更見也斯對人、生活、文化、歷史與地方的濃厚興趣，與單純玩樂、享受的飲膳行程明顯有別。也斯這種探索的自覺，構成他接觸飲食的途徑。也斯富冒險精神，主動尋找美食，同時亦是融入旅遊當地的好手，樂於聆聽他人意見。從自我與他者所出發的兩種覓食途徑，觀照不同的飲食部份，包含多樣的飲食元素。兩方面的出發點雖然各異，但內裏同樣側重人文精神與地域特色，遇見詩人商禽、司機小朱是人與人的交流，突尼西亞的薄荷茶、台灣的糕餅與海鮮是生活滋味的分享，馬賽的 Chez Fonfon、柏林的咖啡館富地方色彩，孔廟則是歷史與文化的結合。從旅遊所經歷的人事滋味，進一步衍生

具意義、重探索的飲食意涵，菜式帶出人的堅持與奸詐，食材呈現民家的食俗與喜好，飲料成為城市變遷的隱示標記，種種意涵與也斯的探索目的、覓食途徑相互緊扣配合，清晰呈現也斯旅程中的鋪排與想法。

也斯身兼學者、作家、詩人，多重的身分對旅程與飲食均有重要影響。也斯對文學與電影的敏感，構成他探索飲食的途徑，能夠從多重角度了解，加深他對食材、菜式的認知，建立自己對飲食的看法。也斯帶著對食物的認識和印象，於旅程當中，親身觸碰、觀察所見的飲食元素，這種從思想到現實的接觸，兩者結合融和，令了解更能深入、更富層次。也斯消化、吸收旅程中的飲食見聞，融匯作個人的創作材料，通過詩作表達對食物的讚詠，探討慾望、戰爭的主題。也斯從世界性的文學與電影接觸飲食題材，通過旅遊了解食物的實際面貌和特色，再經過親身的消化整合，於遊記、詩作呈現自己的思想與看法。這種對飲食的認知與體驗，是文學、文化的傳承，通過也斯發展成富個人風格、意義不一的創作，轉化成文學、文化的新詮釋和再創造。

也斯關懷周遭的人事，敏感於景物的細微變遷，加上敢冒險、重探索的精神，因此能夠於不同的地域國度，接觸多方美食，形成對旅遊、飲食的獨特見解，演化成豐富的意涵。也斯熱愛世界，嚮往新、舊事物，貫徹於旅程當中，反映於飲食的意向之上，種種真摯情感，在在呈現於其創作當中。

參考書目

也斯作品

也斯,《新果自然來》香港:牛津大學出版社,2002。

也斯,《在柏林走路》香港:牛津大學出版社,2002。

也斯,《昆明的除夕》香港:牛津大學出版社,2002。

也斯,《東西》香港:牛津大學出版社,2000。

也斯,《城市筆記》台北:東大圖書公司,1987。

也斯,《普羅旺斯的漢詩》香港:牛津大學出版社,2012。

也斯,《蔬菜的政治》香港:牛津大學出版社,2006。

論著

沈雙,〈也斯的行旅美學〉,載《香港文學》,總第 340 期,2013 年 4 月,頁 28-29。

區仲桃,〈另一種旅程:試論也斯的逆向之旅〉,載《文學論衡》,總第 15 期,2009 年 12 月,頁 56-64。

黃淑嫻,〈旅遊長鏡頭:也斯 70 年代的台灣遊記〉,載《文學評》,第 14 期,2011 6 月,頁 33-39。

葉月瑜,〈香港秘聞:也斯的蒙太奇食譜——讀《後殖民食物與愛情》〉,《香港文學》,總第 303 期,2010 年 3 月,頁 89-91。

趙稀方,〈從「食物」和「愛情」看後殖民——重讀也斯的《後殖民食物與愛情》〉,《城市文藝》,第 32 期,2008 年 9 月,頁 67-72。

鴻鴻,〈甜椒和也斯〉,載《文學世紀》,第 6 期,2000 年 9 月,頁 12。

第五輯

飲食於香港以外

從耕農到醃醢：論劉克襄飲食散文的建構與書寫策略

一、引言

劉克襄（本名劉資愧，1957- ）台灣著名作家，可更仔細稱為自然生態作家、旅遊作家。如何定調一位作家，主要依據作家的創作主題，自然與旅遊為劉克襄顯要的書寫題材，集中以散文為討論文類，與自然相關的，可見《旅次札記》、《隨鳥走天涯》與《四分之三的香港》。談及旅遊的有《安靜的遊蕩》、《迷路一天，在小鎮：劉克襄的漫遊地圖》和《11元鐵道旅行》。近年，飲食主題於劉克襄的筆下越見發揮，相關文章多散見於雜誌、報章，部份輯錄於《男人的菜市場》和《兩天半的麵店》，雖然劉氏書寫飲食的材料豐富，卻鮮少被喚作飲食作家，是受到自然與旅遊的題材先入為主的影響？還是劉氏創作中的飲食元素受忽略？原因仍有待查考，甚或是否應該重新思考，飲食題材於劉克襄

散文創作中的重要性。劉克襄逐漸傾向書寫飲食的過程，亦饒富興味，劉氏自言：「三十歲以前，我是很少買菜作飯、五穀不分的單身漢」[1] 劉克襄從不善烹煮、不解食材，轉變成暢談飲食，細説食材的專家，梳理當中過度的經歷，能找出創作轉變的原因，了解劉氏飲食書寫的意圖。

綜觀劉克襄的散文創作，自然與旅遊的書寫成文、結集較早，引發的討論明顯較多，如楊光〈逐漸建立一個自然寫作的傳統——李瑞騰專訪劉克襄〉[2]、吳明益〈從孤獨的旅行者到多元的導覽者——自然寫作者劉克襄〉[3]、曹菁芳〈劉克襄鳥類書寫研究〉[4]、黃瑋瑄〈慢・漫・蔓－劉克襄漫遊系列作品研究〉[5]、簡玉妍〈台灣環保散文研究——以 1970-1990 年代為範圍〉[6]。集中以飲食為核心，研究劉克襄作品

[1] 劉克襄，〈前言〉，載劉克襄，《男人的菜市場》（台北：遠流出版事業股份有限公司，2012），頁 6。

[2] 楊光記錄整理，〈逐漸建立一個自然寫作的傳統——李瑞騰專訪劉克襄〉，載《文訊》，第 134 期，1996，頁 93-97。

[3] 吳明益，〈從孤獨的旅行者到多元的導覽者——自然寫作者劉克襄〉，載《香港文學》，總第 263 期，2006，頁 44-45。

[4] 曹菁芳，〈劉克襄鳥類書寫研究〉，國立彰化師範大學，國文學系，碩士論文，2007。

[5] 黃瑋瑄，〈慢・漫・蔓－劉克襄漫遊系列作品研究〉，中興大學，台灣文學研究所，碩士論文，2009。

[6] 簡玉妍，〈台灣環保散文研究—以 1970-1990 年代為範圍〉，中興大學，台灣文學研究所，碩士論文，2010。

的文章相對不多，可見陳健一〈「啖食」山林──劉克襄的《失落的蔬果》〉[7] 與鄭楣潔〈劉克襄糧食書寫研究〉[8]，鄭氏的論文最貼近飲食書寫的研究，唯受研究的主題與角度所限，部份飲食的相關問題，文中未有論及。

本文集中從飲食角度切入，以劉克襄的散文著作為研究範圍，通過梳理劉氏的創作歷程，了解其飲食書寫的進路，分析自然、旅遊與飲食主題之間的關係，模擬劉克襄散文書寫的主題架構，從而點出飲食題材的重要性。另從地理距離與大眾接受方面，探析劉克襄的散文中，飲食元素日漸增多的原因，指出劉氏傾重飲食書寫的意圖和策略。

二、從自然到飲食：飲食書寫的萌芽與發展

劉克襄的散文中，飲食已成為不可或缺的部份，論者大多集中從飲食的角度討論，較少將飲食主題置於其創作歷程中作整體觀照，梳理劉氏飲食書寫的形成過程，指出飲食於劉氏散文中的地位。本部份參考前人對劉克襄散文

---

[7] 陳健一，〈「啖食」山林──劉克襄的《失落的蔬果》〉，載《文訊》，第 263 期，2007，頁 79-81。

[8] 鄭楣潔，〈劉克襄糧食書寫研究〉，國立中正大學，台灣文學研究所，碩士論文，2014。

創作歷程的敍述，歸納劉氏書寫的主題，從中勾勒飲食元素及相關的處理方法，舉證說明飲食於劉克襄散文中的重要性。

劉克襄創作散文的經歷，不少論文已有梳理，因論述的中心主題不一，部份未有談及飲食，如曾美雲〈自然與文學之間——試論劉克襄散文中的變與不變〉依題材分述以下七個類別：（一）自然生態旅行札記：鳥類、生物、生態。（二）知性自然小品。（三）環保雜文與報導。（四）自然觀察筆記日誌。（五）歷史旅行與自然書寫（1988-1999）。（六）自然教育與親子旅行（1994-2003）。（七）城鎮山岳的旅行漫遊（2001-2005）。[9] 又如，劉又萍〈劉克襄與夏曼・藍波安生態文學之環境倫理觀比較〉從以下五點出發：（一）對自然的關心。（二）對動物的關懷。（三）對人文歷史的探索。（四）旅遊型態的轉型。（五）對觀察的堅持。[10] 王羽家〈台灣當代男性旅行文學研究——以舒國治、劉克襄、吳祥輝為主〉論述劉克襄創作散文的歷程，綜述如下：

> 散文寫作主題從 80 年代的賞鳥旅行札記，荒野自然

---

[9] 曾美雲，〈自然與文學之間——試論劉克襄散文中的變與不變〉，載《語文學報》，第 14 期，2007，頁 275-294。

[10] 劉又萍，〈劉克襄與夏曼・藍波安生態文學之環境倫理觀比較〉，國立台南大學，生態旅遊研究所，碩士論文，2009，頁 47-51。

生態知識的傳知，環保問題的挖掘與報導，到歷史舊路踏查與自然誌論述；90 年代中期則開始定點田野觀察與推廣自然教學相關的書寫；2000 年以後朝向山岳探查、鄉鎮漫遊、知性旅遊等領域探索。[11]

　　從主題區分，曾美雲、劉又萍與王羽家三位論者的梳理，均指出自然與旅遊為劉克襄散文創作中的重要部份。無論是動物、植物，還是整體的生態環境，所建構成的自然主題，同屬劉氏散文書寫的初始來源，由此牽連到山野、城鄉的遊走，加上劉克襄創作主題的跨越，衍生出旅遊的書寫主題。與飲食相關的論文，可見鄭楣潔的〈劉克襄糧食書寫研究〉[12]，鄭氏通過梳理劉克襄的散文書寫，嘗試了解劉氏轉向關注糧食問題的進路，分別從「自然寫作的札根期」、「穿越林野──城市定點與近郊山區的遊走」與「從鄉鎮旅行到農糧市集」三方面查考，同樣整理出劉克襄從自然到旅遊的創作演變。

　　自然與旅遊是劉克襄散文的重要主題，早已滲雜飲食元素，兩者與飲食之間存在前後的延伸關係，故下文先從

[11]　王羽家，〈台灣當代男性旅行文學研究──以舒國治、劉克襄、吳祥輝為主〉，台北市立教育大學，中國語文學系，碩士論文，2010，頁 40。

[12]　鄭楣潔，〈劉克襄糧食書寫研究〉，2014，頁 13-35。

自然與旅遊書寫切入，點出當中有待發展的飲食元素，整合兩者逐漸與飲食結合的發展趨勢。接續以飲食主題為核心，分析飲食與自然、旅遊的關係，指出飲食書寫於劉克襄散文創作中的重要性。

（一）萌芽期：自然與旅遊書寫的滋養

自然是劉克襄最初涉獵的散文主題，相關創作一直持續至今，跨度的時間最長，引發的討論與研究最多。劉克襄早期的自然書寫，已可見零星的飲食元素，且有不同的面向，如〈荖濃溪畔的六龜〉記述一段與飲食相關的經歷：

> 車上，除了司機，我們三位旅伴人，還載著兩天的口糧：粗麵、麵筋、瓜子肉罐頭。台灣的山上已有太多垃圾，隨身只帶這些吃的東西，夠了。[13]

文中的三兩食材顯然並非主角，卻充當重要角色，有助劉克襄帶出山林污染的問題和環保的概念，充分展現飲食於論述問題時的功能，只是劉克襄於創作初期未有進一步運用。另一種飲食書寫同樣不多，但細察之下，可了解其重要意義，如〈後龍溪的鷸鴴〉寫到：

---

[13] 劉克襄，〈荖濃溪畔的六龜〉，載劉克襄，《自然旅情》（台中：晨星出版社，1992），頁 38。

關於蟳，和毛蟹相仿，產卵期的蟳捕獲時，吃起來最有味道⋯⋯這時的蟳，已經由海水的浸染，減少了淡水的成分。友人說淡水蟳不衛生，所以從後龍溪海口捕獲的蟳最清潔。[14]

《旅次札記》是劉克襄的首部散文著作，主要談論雀鳥與自然生態，上文是書中罕見的飲食文字，劉氏談到蟳的味道與時節相關，亦從水質的改變，判定蟳的清潔與否。劉克襄從時令談食材的味道，以自然地貌的知識分辨食材的優劣，這兩類書寫飲食的手法，與往後的飲食書寫一脈相承，而且有更大的發揮，演變成劉克襄日後飲食創作的模式。相類似的飲食書寫從初始的零星出現，到往後的廣泛運用，可證劉克襄的飲食處理從稍略提及到刻意經營的過程，飲食書寫的意識與自然主題的結合，往後衍生成《失落的蔬果》般的著作。

旅遊是劉克襄散文創作的重要主題，與自然書寫有密切的關係，劉克襄需要追蹤鳥魚、觀察地貌、進出自然環境，以搜集材料，當中不乏遊走的活動。從自然主題出發，劉克襄往後越加傾重旅遊的部份，形成踏行山野步道的方

[14]　劉克襄，〈後龍溪的鷦鴒〉，載劉克襄，《旅次札記》（台北：時報文化出版事業有限公司，1982），頁38。

向，地點由自然環境擴展至鄉鎮、鐵路，發展成顯要的旅遊書寫。於劉克襄的旅遊著作中，飲食元素早已可見，但為數不多，於《自然旅情》中幾則記述自然旅程的文章，可尋得飲食的芳蹤，如〈荖濃溪畔的六龜〉提到：

> 我們也開始進食，瓜子肉、麵筋拌入粗麵。飯後，何華仁提手電筒，出門找貓頭鷹。我取出賞鳥記事本，花半小時，記錄今天發現的鳥種與動物。[15]

自然事物與旅遊經歷是文中的重點，食物的出現只是純粹的日程記錄，帶出飯後各人於自然旅程中的活動事項。飲食被輕輕帶過的情況同樣出現於《少年綠皮書：我們的島嶼旅行》，著作主要回顧劉克襄年輕時投入自然的浪遊生活，如〈逃學到遠方〉寫到：

> 回程時，經過老街，買了一個熱包子填肚。又去了土庫溪，在那巨榕的土地公廟駐足。[16]

飲食的出現只是劉氏年少時自然旅程中的一點，浮於記憶，顯於文字，可為文章增添生活性的點綴，卻未有太多

---

[15]　劉克襄，〈荖濃溪畔的六龜〉，載《自然旅情》，頁 43。

[16]　劉克襄，〈逃學到遠方〉，載劉克襄，《少年綠皮書：我們的島嶼旅行》（台北：玉山社出版事業股份有限公司，2003），頁 40。

的發展。從上述兩段引文可見，劉克襄的早期創作與年少生活，都以自然與旅遊為著眼之處，明顯對兩者更感興趣。飲食雖然只是旅程中的瑣碎記錄，但無論是生理上或創作上，均是不可或缺的部份，這類飲食的元素早植根於劉克襄的生活與文學當中，有待灌溉發芽、茁壯成長。〈雪山行〉是劉克襄早期的旅遊書寫中較詳述飲食的一段，從中可一探劉氏將旅遊與飲食主題結合的初型，原文如下：

> 我趕忙燒水、煮稀飯。其他人也被陸續吵醒，幫忙提水、取鍋。未幾，煮好一大鍋熱騰而香噴的粥。所有人都興奮地起床。跟過去每回登山的經驗類似，大家都嚷著這是他們這輩子吃過最好吃的稀飯。[17]

劉克襄描寫登山的經歷，細述早晨煮粥的過程，藉飲食凸顯山野遊走所帶來的特別經驗，飲食片段成為旅程中的標誌。這種旅遊與飲食互惠的結合，能展現彼此的特色，劉克襄往後的發揮更為嫻熟，如《裏台灣》可見不少相類的內容。

（二）發展期：飲食書寫的成形

劉克襄的飲食書寫，由自然與旅遊兩方面演化而成，

---

[17] 劉克襄，〈雪山行〉，載《自然旅情》，頁 127。

自然主題關係到生態環境與食材來源，旅遊部份結合行走經歷與地方特色，飲食逐漸脫離，形成獨立的題材，連繫到個人記憶、飲食潮流與內在情感。自然與旅遊的書寫相繼發展和確立，加上飲食主題的成形，演變成劉克襄散文創作的三個重要區塊。梳理劉克襄的創作歷程，可知飲食與自然、旅遊的結合絕非偶然，而是經過長時間的累積和醞釀，三種元素同時運用的例子，早見於劉氏的散文，如〈溯河旅行〉寫到：

> 一位私校的，帶了兩根香煙，一些人好奇地輪流地吞吐著。我在外頭煮綠豆湯。綠豆湯煮好了，卻也沒有人喝。雖然疲憊，大夥兒都毫無睡意。後來都進入營帳打撲克牌。我待在營火旁發愣，烤地瓜，凝視滿天的星星。很清楚記得，那天一直夢想著，希望有朝一日，能夠獲得一個好的睡袋和登山背包。[18]

綠豆湯、烤地瓜是飲食元素，星星滿天屬自然環境，營帳、登山與旅遊相關，從文中三者不經意的串連，可見飲食、自然、旅遊於劉克襄的筆下早已渾然相融，成為日後劉氏散文發展的基礎。若從成長的角度分析，文中劉克

---

[18] 劉克襄，〈溯河旅行〉，載《少年綠皮書：我們的島嶼旅行》，頁51。

襄記述當時年少的自己，面對香煙、撲克顯得無動於衷，反而選擇獨自烹煮。劉克襄雖然不自覺自身與飲食的關係，但從行為上可知，劉氏已隱隱埋下往後以飲食為文的線索。相比之下，劉克襄明顯更熱愛自然環境與行旅過程，劉氏對自然、旅遊與飲食的投入與喜歡程度不一，正對應他書寫主題先後發展的脈絡。劉克襄的散文主題源於興趣，自然、旅遊與飲食隨自身成長與經驗累積，逐步萌芽生長，奠定顯要、分明的創作方向，三者的匯集更能體現於劉克襄的《男人的菜市場》，劉氏於著作中不單熟悉各個主題，更嫻熟地相互配合和補充。

劉克襄選擇以飲食入文，除興趣使然，以及順應自然與旅遊方面的發展，亦帶有傳遞訊息的意圖（本文第三部份會作詳細討論）。若單從主題的角度分析，劉克襄的飲食書寫更顯重要，飲食由自然與旅遊兩部份演進，三個主題正好標誌劉氏散文創作的不同階段，逐漸開展、成形的飲食主題，與自然、旅遊兩方面形成三足鼎立的情況，由此組成的創作架構，借用「烹調三角」（Le triangle culinaire）的關係說明圖表，可更為明晰。法國人類學家李維史陀（Claude Lévi-Strauss, 1908-2009）受語音學啟發，藉音素對立的結構對應食物的不同狀態，以圖表呈現生食、熟食與腐爛之

間的關係，稱作「烹調三角」，圖表如下：[19]

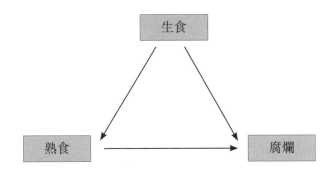

三者既獨立，同時彼此之間具演變的途徑。劉克襄的自然、旅遊與飲食的散文主題，正吻合這種結構，本文稍加修改如下：

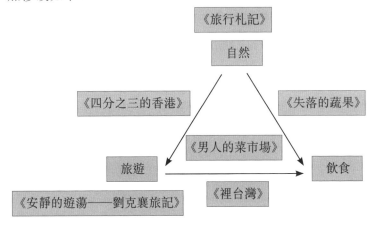

[19]　原文可參 Lévi-Strauss, C., 'Le triangle culinaire', L' Arc, 26, 1965, p19-29. 本文所參之中文版本，見傑克·古迪（Jack Goody）著；王榮欣、沈南山譯，《烹飪、菜餚與階級》（新北市：廣場出版，2012），頁34。

劉克襄的散文最初以自然為題，後續的傾重略有不同，行走山林的向旅遊發展，食材溯源的往飲食延伸。旅遊途經的地方富飲食相關的發展與特色，亦進而連繫到飲食的主題。飲食元素得到自然與旅遊書寫的滋養，於劉克襄的筆下擴展至歷史、文化、情感等方面，使飲食的主題足以獨立經營。劉克襄的散文創作中，飲食如最後拼貼的重要拼圖[20]，與自然、旅遊緊密配合[21]，代表三個獨立的主題區塊。三者可構成兩兩相連的關係，衍生出融合的題材：自然與旅遊[22]、自然與飲食、旅遊與飲食，自然、旅遊與飲食三者或進一步綜合，運用於同一散文與著作當中[23]。個別主題組成的三角架構，演變出四種混合的題材，兩者相互配合所擬構出的關係圖，可用以將劉克襄的散文著作依類歸

---

[20] 劉克襄有不少純以飲食為題的文章，大多散見於報刊、臉書，單以飲食為核心的著作，則暫且未見。

[21] 自然主題的著作，可見《旅次札記》。旅遊主題的著作，可見《安靜的遊蕩——劉克襄旅記》。

[22] 然與旅遊結合的著作，可見《四分之三的香港》。本文以飲食為研究核心，故較少論述自然與旅遊的部分，相關著作已有不少專論文章，如林玄淞，〈台灣當代「自然／旅行」書寫研究——兼論劉克襄「自然／旅行」的書寫與成就〉，國立台南大學，國語文學系，碩士論文，2005；郭紋菁，〈劉克襄及其自然寫作研究〉，國立中山大學，中國文學系研究所，碩士論文，2006。自然與飲食結合的著作，可見《失落的蔬果》。旅遊與飲食結合的著作，可見《裡台灣》。

[23] 自然、旅遊與飲食結合的著作，可見《男人的菜市場》。

位，從宏觀的角度，觀照劉克襄散文創作的進程與全貌，以便釐清著作的重點與特色。

飲食早存在於劉克襄的生活與文學當中，只是有待發現與開拓。飲食不單是行文的元素，同時反映劉氏的創作歷程，經過積累和醞釀，成為劉克襄散文創作的柱樑，完整其創作的架構。飲食與自然、旅遊的主題相輔相成，豐富劉克襄的書寫面向，可見飲食於劉氏散文中的重要地位，確實毋庸置疑。

三、從邊緣到中心：飲食的書寫策略引言

劉克襄散文中的飲食書寫，從素材上看是前有所承的，分別源於自然與旅遊兩方面，富演進的過程，實非倉卒湊合的想法與創作。從劉克襄運用的廣度與深度分析，飲食從零星元素到核心主題，明顯愈見重要，當中書寫意識的轉變，可用以反映劉克襄的飲食書寫策略。

飲食與自然、旅遊相關，確實為劉克襄投入飲食書寫帶來誘因，但於題材以外，劉克襄為何選擇專注經營飲食主題，並一直經營、發展，內裏明顯有其用意。鄭楣潔認為，劉克襄對糧食的關注，受到生物攝食的觀察、郊野食

味的發現與食物資訊的梳理所影響[24]，鄭氏之論只能說明劉克襄運用飲食元素的過程，不能滿解釋劉氏創作轉向的原因。鄭楯潔於總結部份，點出劉克襄自然與飲食書寫之間的關係：

> 作者從山林植物書寫到糧食，當中看似視野轉向，但其實非然，因為其創作意識都是心繫對生態環境的關照。[25]

鄭楯潔指劉克襄的飲食書寫帶有「對生態環境的關照」，這點是毫無疑問的，但箇中原因，鄭氏仍未有說明。劉克襄轉而書寫飲食，最主要的目的是想藉此令更多人關注自然生態，因為劉氏認為人類才是問題的根源所在，於〈最危險的生態地帶——日月潭〉可見相關的反映，劉克襄提到物種獵食的自然生態，形成環環相扣的食物鏈，並指出：

> 不管扮演的是吃或是被吃，似乎都是命定的，不可違反，順乎自然的循環。誰又能違反？關於物物相剋。[26]

自然事物的更替、循環，是平常不過的事，但於萬物

---

[24] 鄭楯潔，〈劉克襄糧食書寫研究〉，頁 24-26。

[25] 鄭楯潔，〈劉克襄糧食書寫研究〉，頁 104。

[26] 劉克襄，〈最危險的生態地帶——日月潭〉，載《旅次札記》，頁 104。

有序的環境下，劉克襄言「換成我的憂疑觀點，這是錯的，應該是人。」從天然改變到人為影響，劉克襄刻意藉設問道出心中所想，指出人類才是破壞自然的罪魁禍首。

（一）郊區與市區：地域引起的種種距離

劉克襄明白到人類才是問題的根本，因而「試圖以一己之力，透過文字報導，提醒別人注意自己周遭生存的自然環境」，以自然環境為重點，是劉氏書寫的核心思想，不過單純以自然事物為題，無法收得預期效果，亦無法讓更多人明白愛護自然的重要，這點不免令劉克襄感到灰心，如〈最後的旅行〉提到：

> 我已經疲憊。疲憊是悲觀引發的。今晚返回城裏，我準備離開這種生活方式，畢竟這是脫離常軌的行為。[27]

劉克襄於城市與郊野往返，描寫自然生態，帶出社會大眾需要關注的問題。劉氏的悲觀，來自辛勤著力的投入過後，未能換來大眾對等的回響，因而氣餒，想要放棄，這點向陽解說得最為清楚：

> 把劉克襄的這種悲鬱視為反諷亦無不可，他以「畢竟這是脫離常軌的行為」做反語，乃更明示了社會依然漠視

---

[27]　劉克襄，〈最後的旅行〉，載《旅次札記》，頁 215。

生態保護的重要，至少對曾經努力過，並盼能促使公害與環境污染有所改變的他而言，在經過近兩年的旅行見聞後，已倍使他感到孤獨無力！[28]

劉克襄於散文創作的初期，已明白書寫自然所面對的困境，主要原因在於，讀者與自然之間存在地域上與思想上的距離。部份城市的發展規劃，將自然與市區劃分開來，可從最基本的城市用地結構了解，圖如下：[29]

市區位於城市的中心，為市民居住、生活的密集地方。於市區外圍的郊區，多見糧食生產的活動，自然環境相對較多。對居於市區的人而言，市區與郊區之間的距離，難免

---

[28] 向陽，〈憂鬱而冷靜的外野手——為劉克襄的「旅次札記」加油〉，載《旅次札記》，頁 9。

[29] 圖表參王祥榮，《生態與環境：城市可持續發展與生態環境調控新論》（南京：東南大學出版，2000），頁 226。

會窒礙他們走進郊區，甚或於實際的環境以外，市區居民於意識當中，已將市區與郊區儼然二分：

> 城市提供與「自然」無可避免的對比。有一股持續不歇的思維，試圖將城市定位成與「自然」、「原始」及「荒野」對立的人類發明……城市則被描繪且理解為和所謂「自然界」多少有所區別的東西。[30]

無論地域距離或主體意識，均易於將市區與郊區二分，以致部份市區居民遠離自然，缺乏對生態環境的認識，忽略自然的重要：

> 當食物在超級市場的貨架上唾手可得，而不在我們住家外頭的原野；當我們能夠開暖氣禦寒或開冷氣抵擋酷暑時，就會傾向將城市視為與物理世界隔離、獨立自存。[31]

部份居於市區的人，未有太多接觸自然環境，較少聯想到自然的種種，生活、思想上與自然的距離，形成市區居民與郊區環境之間的鴻溝。劉克襄最初嘗試藉由精專的

---

[30]　麗莎・班頓修特（Lisa Benton-Short）、約翰・雷尼・修特（John Rennie Short）；國家教育研究院主譯；徐苔玲、王志弘合譯，《城市與自然》（台北：群學出版有限公司，2012），頁 5。

[31]　麗莎・班頓－修特（Lisa Benton-Short）、約翰・雷尼・修特（John Rennie Short）；國家教育研究院主譯；徐苔玲、王志弘合譯，《城市與自然》，頁 5。

自然書寫，引發更多人對自然的關注，但畢竟以純粹的自然事物為題，內容僅圍繞城市外緣的郊區，未能將市民與自然的距離拉近，以至最終引發自然關注的成效不如預期。

劉克襄宣洩過後重新出發，於自然書寫的基礎上，逐漸摸索不同的發展可能，嘗試擴闊讀者群，吸引更多人注意。自然生態事物多出現於郊區部份，如何讓市民親身接觸自然，同時將自然的問題帶進市區居民的生活，當中需要連接的渠道。劉克襄從行走出野的經歷，發展出旅遊書寫，延伸出多個面向，《隨鳥走天涯》是追尋雀鳥的自然遊走，《安靜的遊蕩》記錄踏遍小鎮的風光，《11元鐵道旅行》談到搭乘高鐵的市區步調。旅遊主題成為連接郊區與市區的重要媒介，劉克襄於市區居民與自然環境之間築起橋樑，鐵道列車貫穿山野、小鎮、市區，象徵自然與市區的相連過程。

（二）飲食塑造：直達「家」的橋樑

旅遊書寫的發展確實令更多人關注自然生態的問題，達至劉克襄創作的主要目的，不過無論是山野或是城市間的旅遊，始終並非恆常生活，若要完全將關注自然的概念融入日常的作息之中，仍有可發展的空間。劉克襄不滿足於旅遊主題的開拓，著意為自然尋找更多接觸大眾的途徑，

飲食元素已隱約於自然與旅遊的主題中滋長，經過累積和醞釀，成為劉氏最能貼近大眾的題材。除了可與自然、旅遊主題相配合以外，飲食是人的生存基本，與人的關係最為密切，有助劉克襄將想要傳達的意念融入生活。飲食本身同時富有多種特色，如美國人類學家安德森（Eugene. N. Anderson, 1941- ）指出：

> 食物像其他藝術一樣，可以傳遞細微和複雜的信息，當中有許多牽涉情感，如：心情、感覺和語氣，不是明確和具體的。語言往往是準確的，但食物通常是溫暖、像家人一樣及有關宗教的，即任何廣泛和深入的事物，卻很少狹隘和定義明確的。[32]

飲食涉獵的層面廣泛，可用以傳遞複雜訊息，引發思考，帶出深遠意義，在在有助劉克襄融合多種元素、闡述思想。飲食盛載的意義往往超越其本身，因而可充當引入的媒介，人類學者彭兆榮（1956- ）提到：

> 食物作為文化符號不獨是其本身的主題，它還是文化語境中的敘事。「吃」本身就是一種行為，它可以超越行為本物的意義，可以與其他社會行為交替、並置、互文，並

---

[32]　E. N. Anderson, *Everyone Eats: Understanding Food and Culture*, New York: NYU Press, 2014, P.158.

使其他社會行為的意義得以凸顯。[33]

　　飲食有多方發展的可能，置於不同時代、文化、地域，衍生各種意涵。飲食的可塑性強，容易與其他題材配合，凸顯飲食以外的其他意義。劉克襄選擇以飲食入文，正吻合飲食的種種特質，讓自然相關的問題通過飲食，融入市民的日常生活，更易為大眾接觸和接受。劉克襄早意識到飲食與人的緊密關係，嘗試從食物帶出自然生態的問題，劉氏於〈紅尾伯勞南下的故事〉談到，紅尾伯勞於遷移的途中經過台灣南部，部份被捕捉並製成烤鳥出售，生態間接受到人類的食慾破壞，劉克襄選擇直接以食物揭示問題：

　　　　有一件事比呼籲禁獵有效。一位參加南下護鳥的朋友，去年從南部帶來幾隻烤鳥的紅尾伯勞，在顯微鏡裏，解剖牠們的頸背觀察，結果發現了大量的，仍然活着蟠蟠的寄生蟲。[34]

　　生態失衡的問題源於人類，劉克襄認為應該從根本著手，以貼近生活的飲食切入，只需道出「禍蟲口入」的實況，帶出切身感受比遠離生活的禁獵呼籲奏效，更能引起

---

[33]　彭兆榮，《飲食人類學》（北京：北京大學出版社，2013），頁79。

[34]　劉克襄，〈紅尾伯勞南下的故事〉，載《旅次札記》，頁71。

大眾關注。從最初的自然書寫，已可略見劉克襄飲食元素的運用，這種以飲食寫自然的意識，往後得劉氏的著力發展，成為其書寫的重要手法和主題。劉克襄創作中的飲食題材得以滋長，同樣受到整體社會的文化氛圍所影響，劉氏談到當中轉變：

> 晚近民俗植物的生物多樣性逐漸被重視，天然蔬果的昔時風味成為顯學，簡單的飲食生活美學更成為時尚風潮。我的書寫多少要跟這些現實走向和形態牽扯，但更多的是自己喜好研究野生草木的樂趣和評斷。[35]

隨著市民對天然蔬果、飲食生活的關注增多，劉克襄從純粹自然生態的描寫，轉往經營與食材、飲食相關的主題，並保留考察、檢視植物的個人特色。敍述角度的轉移，凸現明顯的書寫意圖，劉克襄選擇貼近市民的喜好，嘗試讓更多人通過飲食接觸自然，引發後續的關注與反思。

從書寫題材結合相關讀者分析，純粹的自然描寫，題材集中於外圍的郊區，內容最切合劉克襄想影響更多人關注自然的理念，不過對此感興趣的讀者相對較少，因而影響有限。劉克襄進而以旅遊主題築建引道，將自然主題連

---

[35] 劉克襄，〈序〉，載劉克襄，《嶺南草本新錄》（北京：海豚出版社，2011），頁2。

結到市區鄉鎮，將喜愛旅遊的讀者帶到郊外，拉近市區居民與自然環境的距離，讓他們走進實際的生態地區，引發思考與關注。劉克襄的飲食書寫成熟於旅遊記述之後，飲食不僅使自然題材走進市區，更能直達「家」這個生活的核心地方，如下圖所示：

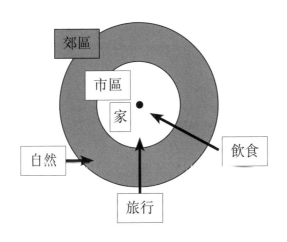

相比旅行遊走，飲食是不可或缺的，加上以家為中心的生活更為恆常，大眾能從自身熟悉的家庭與周邊事物，了解相隔較遠的郊區狀況與食物問題，因而更能身同感受，劉克襄深明此道，曾於序言提到：

> 青蔬水果、柴米油鹽不只是生活必需品，現在談生態環保，恐怕也得從此一小處著手，從生活飲食，從這一庶

民風土的悉心了解，才能引發更多人共鳴。[36]

　　自然主題通過飲食文字，得到更廣闊的擴展，不單能增多讀者，隨之可讓大眾從生活出發，以用家的角色關注自然，引發深切的反思，影響更為深遠。劉克襄的飲食書寫富意圖和策略，將自然問題帶到市區，甚至引進家庭，融入大眾的日常生活，從外緣的自然連繫到個人的中心，所產生的回響均指向劉克襄創作的核心理念，希望令更多人關注自然生態的種種。

（三）熱情而老練的擊球手：與飲食結合的預言

　　劉克襄最初創作以自然為題的散文，面對成效不彰、苦無出路的困境，引起的鬱悶與失落，隱見於《旅次札記》當中。該書的序言由向陽所撰，他仔細談到劉氏當時的創作情況、情緒心態，分析獨到並富感情。向陽於文中，從作者特質、創作題材、寫作手法等方面，綜述劉克襄的為人與文章，現在重讀回看，發現當中不少論點富前瞻性，部份可視作向陽對劉克襄的預言。向陽談到劉克襄寫鳥是從「關照自己」出發，因而沒必要鼓勵他必須「關懷社會、擁

---

[36]　劉克襄，〈前言〉，載《男人的菜市場》，頁 10。

抱鄉土」[37]，但隨即向陽讚譽《旅次札記》如實展示當時台灣的生態問題，隱約指出劉克襄此作只是起點，並為劉氏指引繼續前行的方向，而劉克襄往後的創作確實未有脫離對自然、土地、社會的關懷。向陽以「憂鬱而冷靜的外野手」形容當時的劉克襄，「憂鬱」因為作品無法引起社會大眾對自然的關注，「冷靜」在於劉氏能清晰記錄所見事物，加以分析，引出批評。當時劉克襄接觸鳥類，需於城市外圍的林野山川遊走，持續等待才能迎得郊區事物所引發的機緣，向陽認為劉克襄的創作過程，就如棒球運動中的「外野手」一樣，於特定的外野空間，等待穩接擊飛的球。這比喻同時透露當時劉克襄所面對的難處，劉氏如外野手般處於守備位置，行走的範圍局限，只能被動等待，無法主動出擊。劉克襄最初的散文創作，僅以郊區自然為題，同樣局限於城市外圍，即便劉氏希望令更多人關注自然生態，但受到題材所限，亦只能立於被動的處境。

於《旅次札記》不難看到，年輕的劉克襄於散文創作的路途上，感到迷茫與困惑。向陽的序言於內容分析外，不乏對劉氏創作的肯定，予以鼓勵和寄望，文中的結尾寫到：

[37] 向陽，〈憂鬱而冷靜的外野手——為劉克襄的「旅次札記」加油〉，載《旅次札記》，頁 9-10。

只要堅持下去，繼續前行，有一天劉克襄應該能踏在投手板上，投出強勁有力的球！如果那時他已換場成為打擊者，那麼給我們看看全壘打吧。[38]

向陽 1982 年寫給劉克襄的文字，經時間的過度、作者的成長，變成精準的預言。劉克襄從外野手轉換成擊球手，當中最為重要的是新增的球棒，飲食書寫作為連結不同主題的媒介，就如劉氏散文創作中的球棒，可以隨心揮動，隨意發揮。劉克襄的書寫題材從郊區逐漸延伸到市區，像球員由守備的外野轉移到進攻的擊球區，從被動地等待接殺，變成主動控制擊球的落點。投來的棒球可看作是散文的意義和重點，劉克襄書寫飲食如握棒揮打，可作多種處理。近距離的觸擊落點接近擊球區，如將述說的話題貼近核心的日常生活，描寫圍繞住家的飲食人事。距離較遠的內野滾地，如將飲食題材置於較寬廣的市區範圍，結合周邊的鄉鎮、鐵路，描寫地道的食材、菜式。劉克襄亦善於運用飲食元素，討論自然生態的種種問題，從中心的居住地方出發，接連外圍的郊區事物，兩者之間的關聯如棒球飛越的軌跡，跨度大卻關係密切。劉克襄這種以飲食書寫自然

[38]　向陽，〈憂鬱而冷靜的外野手──為劉克襄的「旅次札記」加油〉，載《旅次札記》，頁 11。

的手法，正吻合向陽所說的「全壘打」，將大眾關注的重點通過飲食，帶到外緣的自然生態環境。飲食不單是吸引的主題，更充當劉克襄的傳播渠道，讓讀者通過食材、菜餚了解飲食背後所牽連的自然生態問題。文學理論家與批評家薩依德（Edward W. Said）談意念的傳遞時，指出：

> 想法和理論，與人和批評學派一樣，是會傳送的，由人傳給別人，從一個情境傳送到另一個情境，從某個時代傳給別的時代。文化的、知識的生活通常藉想法的這種流傳得到滋養，也往往藉如此流傳而延續。[39]

薩依德認為理念可於人、時、地之間傳播，具滋養與延續的可能。劉克襄關注自然的理念亦相近似，劉氏以飲食作重要渠道，貫穿家庭、市區與郊區，理念經地域傳播，影響多方讀者。劉克襄書寫飲食與自然的主題，隨意念的流傳得以發展，並一直延續。

年輕的劉克襄如向陽所言，像憂鬱、冷靜的外野手，執意遊走外緣的林野，書寫自然事物，希望藉生態問題的展示與討論，讓更多人了解與關注自然生態。純粹的自然書寫能吸引的讀者有限，令劉克襄處於被動的困境，苦無

---

[39]　薩依德（Edward W. Said）；薛絢譯，《世界·文本·批評者》（台北：立緒文化事業有限公司，2009），頁344。

對策。隨著飲食逐漸成為劉克襄重要的書寫題材，劉氏的創作愈見主動，以飲食為媒介的散文，涉獵話題豐富，跨越地區廣泛，探討議題深度不一，情況就如擊球手緊握球棒，嫻熟控制擊球的落點。劉克襄明顯更想要擊出全壘打，讓球飛到外野，令焦點從生活的根本地方出發，落到外圍較遠的郊區，將讀者的注意力帶到自然生態環境，連起生活與自然的關係，讓更多人關注，引發後續的討論與反思。劉克襄的飲食書寫，更多投入社區、走進人群，與人接觸，形成互動。劉克襄於記述事件與問題的同時，注入自己對自然、地方、食物、人物、文化等方面的熱情，組成知性與感性結合的文章，迎合不同層面的讀者。劉克襄經過磨鍊、嘗試與成長，蛻變成熱情而老練的擊球手，積極主動，書寫手法嫻熟、多元。劉氏依舊冷靜的觀察，加上經驗的累積，指出問題癥結時更一針見血。

劉克襄先後開拓旅遊與飲食主題，相比最初純粹的自然書寫，無論是實際的遊走地方，還是創作的素材與方法，均有不少變化。劉克襄從外緣郊區走到中心市區，進而走入生活核心的市場、家庭，從地域上看，雖然逐漸遠離自然，但於飲食的連接之下，反而能將自然問題帶到市區，甚至日常生活當中，可見飲食置身其中的重要性，由此可更明晰了解，劉克襄以飲食元素帶出生態問題的意圖，以及

因而構形成書寫策略。

四、總結

　　飲食於劉克襄的散文創作當中，確實起重要的作用，深遠影響不同方面。農學家賈思勰以「起自耕農，終於醯醢」[40] 總括《齊民要術》的書寫範圍，劉克襄現階段的散文創作，就書寫的主要題材而言，同樣可引賈氏之言作概括。通過本文梳理、模擬的主題架構，劉氏的書寫始於自然，中間經歷旅遊的開拓，最終往飲食方面發展。飲食主題的增添最為關鍵，能將自然與旅遊的題材相連，二者拼湊成劉克襄散文創作的基奠，彼此之間衍生出更豐富多元的題材，劉氏能多所利用和發揮。飲食於劉克襄的筆下，超越根本範疇，變作連接自然主題的渠道，用以傳遞劉氏的核心理念，讓更多人了解、關注生態環境和問題。劉氏運用飲食的意圖轉化作成功的書寫策略，飲食成為橋樑，將大眾由家庭、市區引進自然，並思考相關的問題。劉克襄自己則連帶自然的種種，從外緣回到中心，借助飲食文字將訊息發放開去，能貼近生活和大眾，闡述自己的理念。飲

---

[40]　〔北魏〕賈思勰，〈齊民要術序〉，載賈思勰，《齊民要術》（北京：中華書局，1956），頁 4。

食書寫就如架建的鐵路，讓劉克襄與大眾能於市區、郊區來回往復，令彼此了解對方的立場，認識城市的不同地域，使劉氏的理念更具感染和滲透的力量，使自然的問題與思考，於大眾與地域之間構成良性的循環。本文以飲食為研究核心，從劉克襄的散文歸納出「平衡美學」，同時亦體現於其創作手法與飲食主張。劉克襄以平衡為美的貫徹看似簡單，實在是過猶不及的極高追求，從飲食觀照開去，劉氏對自然、地方、個人、創作、烹調、味道都有嚴格的標準，這是劉克襄不斷追尋、思考的依據，亦是其心中的最終目標。從本文的分析可證，劉克襄善寫飲食、善用飲食、善於飲食，飲食元素於劉氏的筆下，無論內涵與外延都得以豐富。飲食的黏著與輔助能力強，易於融合和發揮，因此劉克襄的飲食書寫仍在不斷摸索，材料仍不斷發酵，向陽於《旅次札記》預言劉氏的創作「將是未來散文界的一股狂飆」[41]，飲食書寫顯然是當中耀眼的例子。

---

[41] 向陽，〈憂鬱而冷靜的外野手——為劉克襄的「旅次札記」加油〉，載《旅次札記》，頁 11。

參考書目

劉克襄作品

劉克襄,《少年綠皮書:我們的島嶼旅行》,台北:玉山社出版事業股份有限公司,2003。

———,《失落的蔬果》,台北:二魚文化事業有限公司,2006。

———,《自然旅情》,台中:晨星出版社,1992。

———,《男人的菜市場》,台北:遠流出版事業股份有限公司,2012。

———,《兩天半的麵店》,台北:遠流出版事業股份有限公司,2015。

———,《旅次札記》,台北:時報文化出版事業有限公司,1982。

———,《裏台灣》,台北:玉山社出版事業股份有限公司,2013。

———,《隨鳥走天涯》,台北:洪範書店,1985。

———,《嶺南草本新錄》,北京:海豚出版社,2011。

傳統文獻:

王先謙撰;沈嘯寰、王星賢點校,《荀子集解》,北京:中華書局,1988。

王冰,《黃帝內經素問》,上海:商務印書館,1931。

李昉等撰,《太平御覽,第二冊》,北京,中華書局,1960。

袁枚;王英志主編,《袁枚全集(五)》,南京:江蘇古籍出版社,1993。

張岱,《琅嬛文集》,湖南,岳麓書社,1985。

楊伯峻譯注,《論語譯注》,北京:中華書局,1982。

賈思勰,《齊民要術》,北京:中華書局,1956。

趙歧注;孫奭疏;廖名春、劉佑平整理;錢遜審定,《孟子注疏:評點本》,北京:北京大學出版社,1999。

近人論著：

朱光潛，《談美》，合肥：安徽教育出版社，1989。

傑克·古迪（Jack Goody）著；王榮欣、沈南山譯，《烹飪、菜餚與階級》，新北市：廣場出版，2012。

彭兆榮，《飲食人類學》，北京：北京大學出版社，2013。

薩依德（Edward W. Said）；薛絢譯，《世界·文本·批評者》，台北：立緒文化事業有限公司，2009。

麗莎·班頓－修特（Lisa Benton-Short）、約翰·雷尼·修特（John Rennie Short）；國家教育研究院主譯；徐苔玲、王志弘合譯，《城市與自然》，台北：群學出版有限公司，2012。

英文論著：

Anderson, Eugene N, *Everyone Eats: Understanding Food and Culture*, New York: NYU Press, 2014.

單篇論文：

王羽家，〈台灣當代男性旅行文學研究──以舒國治、劉克襄、吳祥輝為主〉，台北市立教育大學，中國語文學系，碩士論文，2010。

王祥榮，《生態與環境：城市可持續發展與生態環境調控新論》，南京：東南大學出版，2000。

吳明益，〈從孤獨的旅行者到多元的導覽者──自然寫作者劉克襄〉，載《香港文學》，總第263期，2006，頁44-45。

陳健一，〈「啖食」山林──劉克襄的《失落的蔬果》〉，載《文訊》，第263期，2007，頁79-81。

曾美雲，〈自然與文學之間──試論劉克襄散文中的變與不變〉，載《語文學報》，第14期，2007，頁275-294。

楊光記錄整理，〈逐漸建立一個自然寫作的傳統──李瑞騰專訪劉克

襄〉，載《文訊》，第 134 期， 1996 ，頁 93-97 。

學位論文：

林玄淞，〈台灣當代「自然／旅行」書寫研究——兼論劉克襄「自然／旅行」的書寫與成就〉，國立台南大學，國語文學系，碩士論文， 2005 。

曹菁芳，〈劉克襄鳥類書寫研究〉，國立彰化師範大學，國文學系，碩士論文， 2007 。

郭紋菁，〈劉克襄及其自然寫作研究〉，國立中山大學，中國文學系研究所，碩士論文， 2006 。

黃瑋瑲，〈慢．漫．蔓——劉克襄漫遊系列作品研究〉，中興大學，台灣文學研究所，碩士論文， 2009 。

劉又萍，〈劉克襄與夏曼．藍波安生態文學之環境倫理觀比較〉，國立台南大學，生態旅遊研究所，碩士論文， 2009 。

鄭楣潔，〈劉克襄糧食書寫研究〉，國立中正大學，台灣文學研究所，碩士論文， 2014 。

簡玉妍，〈台灣環保散文研究——以 1970-1990 年代為範圍〉，中興大學，台灣文學研究所，碩士論文， 2010 。

飲食、血親與慾望：以蘇童的〈堂兄弟〉與〈玉米爆炸記〉為例

一、引言

蘇童愛吃，無容置疑，他也直認不諱。作家鍾情飲食，可以是純粹的生活習慣，不一定牽涉到創作。蘇童的情況相對複雜，他沒有刻意經營飲食創作，但從小說的取名看來，有不少確實與飲食相關，部份故事更以食物貫穿，尤見於短篇小說當中。蘇童不自覺將飲食注入創作，兩者產生微妙關係，饒有興味，值得窺探。飲食成為小說不可多得的元素，現實生活中更見重要：

> 人類最初的需要便是食、衣、住，而三者之中，尤以食物為第一，因為人類也像動物或植物一樣，不進食便不能維持生命。不但如此，食物還能影響於個人的性情、品

行、團體的幸福、種族的繁殖等。[1]

　　飲食是生存基本，與人的關係最為密切，於充饑以外，牽連到個人、族群於生活上的多個方面。部份情況於蘇童的短篇小說有所反映，如〈白雪豬頭〉、〈人民的魚〉與〈糧食白酒〉，小說以多樣的食材命名，故事以飲食串連，帶引出不同情節，呈現人的複雜情感與行為。人事糾葛紛繁，感情豐富多樣，本文僅取〈堂兄弟〉與〈玉米爆炸記〉為例，兩篇短篇小說同以親戚往來作背景，是探討飲食、個人與族群的上佳文本，從中能夠了解蘇童對親戚間血親關係的描寫，分析飲食所發揮的作用，帶出小說對人性、慾望的探討。

二、血親：既近且遠的關係

　　〈堂兄弟〉與〈玉米爆炸記〉同以鄉村小鎮作背景，主要角色的設計亦相近，〈堂兄弟〉的德臣與道林為「堂兄弟」，〈玉米爆炸記〉的兆庚和兆財是「叔伯兄弟」，彼此的血緣於小說中清楚交代，構成角色間的血親關係：

---

[1] 林惠祥，《文化人類學》（台北：Airiti Press Inc，2010），頁90。

> 血親關係指的是生物性的關係，是以血緣為基礎的，
> 以這種方式連結的親屬我們稱為血親。[2]

血親構成無形的牽連，加上鄉間的親屬團居一方，住處相近，接觸機會更多，因而個人生活的多個方面或受影響：

> 在產業化程度不高的社會，親屬在行為的選擇、權利義務的傳遞、社會集團的形成方面都發揮重要作用。[3]

血親使人與人組成溝通網絡，人際關係與生俱來，既定且無從抗拒，個人生活無法與親屬完全分割。名義上，血親泛指具血緣的親屬關係，細探之下，仍存有親疏之別，當中血緣的遠近可見明顯的區分。

蘇童明白血親的複雜性，於〈堂兄弟〉開宗明義指堂兄弟的關係「可近可遠」，概念貫穿整篇小說，並仔細呈現於不同的情節，如德臣建新房子，道林基於血親關係幫忙，眼見鄰居堂兄弟的生活較自己優勝，心中不是味兒，便借故逃避，離開村子。血親關係形成種種隱見的規限，親屬間需彼此互助，加上居住距離接近，若非毫不計較，便會構成

◎ 第五輯　飲食於香港以外

---

[2]　Michael C. Howard 著；李茂興、藍美華譯，《文化人類學》（台北：弘智文化，1997），頁 268。

[3]　祖父江孝男等著；喬繼堂等譯，《文化人類學事典》（西安：陝西人民出版社，1992），頁 139。

一種被迫相連的關係，如道林仿效德臣向親戚借錢建房，最終失敗，道林遂批評血親關係的價值：

> 道林心裏埋怨為甚麼偏偏和德臣做了堂兄弟，沾光的事情記不起，吃虧卻吃了不少。[4]

道林的反思牽連到個人與親屬的關係，造成利益與慾望對血親的衝擊，蘇童刻意經營這矛盾而不能規避的處境，作為探討人性的平台。

這既近且遠的血親關係同見於〈玉米爆炸記〉，故事講述兆庚與兆財因玉米起爭執，兆庚與龍水打賭，白吃了兆財三十根玉米，兆財不忿，找兆庚賠償。兆庚開口便強調彼此是「叔伯兄弟」，「身上的血都是一個顏色的，不能那麼見外吧？」[5]，明顯希望藉血親關係，說服兆財不要計較。兆庚得不到兆財的額外包容，因為兆財女兒前來借鹽，兆財說了難聽的話，沒有顧念親屬的情誼。無論是鹽還是玉米，兆財、兆庚均希望依仗近鄰血親，圖個方便，但結果不如預期，兩人的血緣較遠，感情疏淡，不足以抵抗物質價值。

---

[4] 蘇童，〈堂兄弟〉，載蘇童，《私宴》（上海：文匯出版社，2006），頁 13。

[5] 蘇童，〈玉米爆炸記〉載蘇童，《橋邊茶館》（香港：天地圖書有限公司，1996），頁 97。

〈堂兄弟〉與〈玉米爆炸記〉的故事模式相近，主角之間受到血親關係規限行為、住處，於既定的生活環境，面對個人利益的爭取與親戚間的比較。蘇童預設矛盾的困局，描寫角色如何自處與選擇，弱勢的一方往往積極爭取，至少希望能與比較的對象平起平坐，原因在於種種決定和發展均影響血緣的分支與後代的利益：

> 在中國，如果血統中的一員增加了財富，那麼這不是歸集體使用，而是傳給子孫，形成新分節。其結果是只有強而有力的祖先分節才能組織起共有的祖廟和財產組織，使其他分節的成員停留在原來的位置上，不能形成獨自的分節。[6]

將小說情節與現實比照，不難明白血親間的競爭心態，血緣較遠的男性之間尤為明顯，不甘願被比下去的心態，使血親受到實際利益的挑戰，展露人性複雜的面貌。

三、食物：相互競爭的工具

飲食本為果腹，經時間流轉、人物相傳，疊加歷史、文化、記憶等意義。蘇童富敏銳的飲食觸角，食物的多重身分於其筆下更具發揮，或為人事象徵，或作情節推展，

[6] 祖父江孝男等著；喬繼堂等譯，《文化人類學事典》，頁 141-142。

〈堂兄弟〉與〈玉米爆炸記〉中的肉食米糧，則於血親的關係中，充當誘發個人慾望的媒介。

〈堂兄弟〉中道林以新建樓房作為與德臣看齊的指標，道林妻則以食物衡量兩家的地位。德臣規定妻子要隔天煮乾飯，不可只煮稀飯，道林妻知道後不僅依從，更向道林提出特別要求：

> 你等會兒去跟德臣說一下，以後煮乾飯打個招呼，我們兩家反正是一輩子拴在一起了，煮乾飯也得一起煮，別讓孩子例嘴犯賤！[7]

道林妻的建議表面上是為免孩子喧嚷，實際是由兩家人不能切割的血緣、地緣，衍生出競爭的意味。道林妻為面子，不想被看扁，因此即使未能超越對方，仍希望追求生活質素上的相同。這種食物的較量一直延伸到故事最後，德臣家煮豬肉請客，道林家負擔不起，家中引發一陣吵鬧。德臣妻登門送上豬肉，道林妻回應說他家已經吃過，話語明顯出於意氣之爭，可見道林妻為顧全面子，不惜捏造謊言，力求不失於人，以獲取精神勝利與心靈滿足。

相比之下，〈玉米爆炸記〉中兆財的慾望更為明顯。兆

---

[7] 蘇童，〈堂兄弟〉，載蘇童，《私宴》，頁 18。

庚願意以南瓜抵償自己白吃的玉米，兆財得知兆庚與龍水的賭注為三畝田地，故要求分得部份作賠償。爭執因食物而起，兆財卻不願以食物了結，反而進一步求索田地，企圖得到價值更高的資產，流露對利益的貪戀。小説中兆財的貪慾愈趨嚴重，龍水雖賴帳不成，但打賭需要重來，兆財借出一百根玉米，希望助兆庚得到龍水的田地，自己亦能分得半畝。啃吃中途兆庚不適，兆財仍一直強調自己的玉米與田地，鼓動兆庚繼續，可見兆財僅著眼於個人利益，甚至置血親的性命於不顧。

〈堂兄弟〉與〈玉米爆炸記〉中，食物能夠滿足角色的日常生活，但出於愛面子、好利益的私慾，道林妻與兆財透過飲食衍生出更多需求：

> 隨著人們一心追求個人的資產和累積財富，其生活中親屬關係的重要性也跟著遞減，親屬群體的穩固性便開始面臨瓦解。[8]

血親關係受到個人的各種慾望挑戰，漸漸被忽視，甚或成為負擔。蘇童選擇從生存的基本出發，以食物作為角色競爭、逐利的手段，赤裸顯現人性的陰暗面，以揭示人

---

[8]　Michael C. Howard 著；李茂興、藍美華譯，《文化人類學》，頁292-293。

們以利益為先、親情消減的可悲情況。

四、小結

　　蘇童從日常的簡單生活著手，探討不簡單的人性問題。〈堂兄弟〉與〈玉米爆炸記〉中的血親與飲食平凡不過，但經由人的各自詮釋，更變改造，逐漸變質。蘇童筆下的血親關係並不純粹，充滿規限與比較，角色置身於牽連既近且遠的處境，每每期望回報多於付出，情誼受到利益的挑戰，血親關係的意義需重新反思。飲食擔當重要角色，於小說中變作競爭的工具，用以衡量家勢、賭博獲利，食物最基本的維生意義遭扭曲掩蓋，個人的私慾顯而易見，人性於面子與利益的衝擊之下，備受考驗。蘇童設下困局，讓慾望於血親與飲食間滋長，角色間的糾葛與矛盾，呈現人與人之間的複雜性。價值觀的轉變，令個人的著眼點，從血親的群體轉移至獨立的家庭，傳統的倫理關係隨時代轉變逐漸減弱，逐漸被自我中心所蠶食、取締。本文僅取〈堂兄弟〉與〈玉米爆炸記〉為例，作粗淺的分析，蘇童小說中的豐富食材與複雜人性，仍有待進一步的探索。

參考書目

Michael C. Howard 著;李茂興、藍美華譯,《文化人類學》,台北:弘智文化,1997。

林惠祥,《文化人類學》,台北:Airiti Press Inc,2010。

祖父江孝男等著;喬繼堂等譯,《文化人類學事典》,西安:陝西人民出版社,1992。

蘇童,《私宴》,上海:文匯出版社,2006。

蘇童,《橋邊茶館》,香港:天地圖書有限公司,1996。

第六輯

社區中的飲食文化

上海與香港：劉以鬯小說的飲食書寫

1、上海與香港：從「飽許」到「羅宋湯」

香港著名作家劉以鬯（1918-2018）生於上海，1948 年南來香港，輾轉於香港定居，劉氏因地緣關係，創作大量以香港為背景的文學作品，是劉以鬯對所居地的觀察與記錄，從而觸發創作靈感，流露劉氏個人的喜惡和評論。劉以鬯踏足香港以後的作品，具備戰後南來作家的共同特點——對出生地或成長地的書寫，創作目的雖各有不同，但同為研究南來作家的重要資料。戰後劉以鬯所寫的出生和成長地是上海，同時書寫香港這處所居之地，兩地生活構成劉氏的個人經歷，催生對兩地的觀察和看法，呈現於創作之中。劉以鬯於上海與香港生活，同時於兩地取材，當中不乏日常的飲食場景：

從「百樂門」出來，我們到法租界霞飛路的「弟弟斯」
去進晚餐。這是一家上佳的俄國餐館，情調好，菜餚也別
有風味。宜南向僕歐要了「鮑許」與「烤小豬」，我要了「鮑
許」與「串標牛柳」。[1]

這片段來自劉以鬯自傳式的小說〈過去的日子〉，主角「我」
與朋友到霞飛路的俄國餐館享用俄國菜，小說情節明顯源
於劉以鬯上海的飲食經歷。法租界、霞飛路、「弟弟斯」、
俄國餐館和俄國菜，建構劉以鬯和上海人的戰前生活，蘊
藏顯要與難忘的歷史、文化、飲食印記。戰後劉以鬯將此
種種隨個人帶到香港，呈現於創作之中，小說《香港居》有
以下一段：

這天晚上，因為想給莉莉好好吃一餐的飯，特地乘坐
巴士到北角的「溫莎餐室」去吃俄國菜。莉莉特別嗜吃「鮑
許」，所以吃得很飽。[2]

《香港居》1960 年連載於《星島晚報》，2016 年單行本出版。
小說寫上海南來香港的一家三口，適應當時香港生活的種
種事情。片段中，女兒莉莉對「包租婆」為節省所提供的膳

---

[1] 劉以鬯，《劉以鬯中篇小說選》（香港：香港作家出版社，1995），
頁 140。

[2] 劉以鬯，《香港居》（香港：獲益出版事業有限公司，2016），頁 36。

食尤為不適應，所以父親「我」特意帶她到「溫莎餐室」去吃俄國菜，特別是為了吃「飽許」。「飽許」即 Borscht 的音譯詞，現稱作「羅宋湯」，小說呈現的是南來上海人的飲食習慣，對俄國菜的熟悉，他們於生活上遇上種種不適應，仍希望尋找熟悉的味道，作為一種惆懷，嘗試以飲食慰藉身心。更重要的是，飲食於生活和文化上，成為劉以鬯與南來上海人由上海遷移到香港的過渡。

俄國餐廳的羅宋湯成為重要文化線索，將〈過去的日子〉中 1941 年的上海與《香港居》中 1960 年的香港連起，兩篇小說同屬劉以鬯生活的反映，散文〈北角的上海情景〉提到：

> 五、六十年代⋯⋯喜歡吃羅宋餐的上海人，只要走去英皇道的「皇后飯店」或「溫莎餐廳」，就可以重享在上海霞飛路「DD 斯」吃羅宋湯的樂趣。[3]

劉以鬯以現實生活的元素，寫上海與香港的故事，劉氏貫穿兩地，形成將兩地人事、文化融合的看法和故事。劉以鬯於作品中，對俄國菜的多番利用，記錄了當時南來上海人的飲食喜好。餐廳由上海的「DD 斯」變成香港的「溫莎

[3] 劉以鬯，《他的夢和他的夢》（香港：明報出版社，2016），頁 42-43。

餐廳」，劉以鬯以後者作為前者的代替品，用以重溫昔日生活，或排解思鄉的情緒。同樣的食物於劉以鬯的書寫當中，從上海的「飽許」變成香港的「羅宋湯」，用語的轉換可體現作劉氏融入香港文化的過程，同時見證戰後南來上海人，令香港俄國菜冒起的歷史。

2、北角與小上海：「吃」出來的多重關係

飲食連帶人與人的關係，衍生更深層的意涵，劉以鬯作品中的飲食運用，具有更多重的意義。劉以鬯南來香港，一段長時間居於北角，當時北角充滿濃厚的上海氣氛，所以被稱作「小上海」，能為剛到香港的上海人提供較易適應的環境。這獨特的生活和文化環境，無形中供給劉以鬯觀照上海人事的機會，劉以鬯於〈北角的上海情景〉寫下「上海舞女」與「飲食」的片段：

> 五十年代有個上海籍舞女，綽號「至尊寶」，意思是「統吃」，長期將虛偽的感情當作鹹肉切成一塊一塊，廉價出售。……有些老舞客不斷花錢被她「吃」；有些小白臉為了金錢甘願被她「吃」。[4]

---

[4] 劉以鬯，《他的夢和他的夢》，頁 41。

劉以鬯藉由上海舞女的片段，展示「吃」於進食以外的意義。「統吃」意思是不理對方是誰，都不會放過，是上海舞女招攬客人的策略。錢被「吃」，意指老舞客不斷花錢給舞女取用，而小白臉為錢被舞女「吃」，即年輕男子為錢財與舞女發生關係。劉以鬯單用「吃」字足以呈現，上海舞女對不同人所要弄的多種手段，加上文中以「感情」當作「鹹肉」出售，將無形的情感變成有形的廉價食物，將感情量化並且逐少計算分售，供有意的人購買。劉以鬯吃和食物的描寫，突出上海舞女出售感情、利益主導、弱肉強食的生存哲學。

這種人吃人的社會百態，劉以鬯於小說有進一步的運用。小說〈天堂與地獄〉以蒼蠅的視覺，觀察人類於咖啡館的行為對話，描寫他們爾虞我詐和人性醜惡的一面。劉以鬯揀選咖啡館作為場景，是大眾用膳的地方，食物豐富，小說中的大蒼蠅也明言那裏「有好吃的」[5]，場景設定是為吸引蒼蠅入內開展故事，同時為人吃人的行為建構相遇的舞台。〈天堂與地獄〉以「吃」為中心，但所吃的不是食物，而是「錢」，小說中徐娘的錢被小白臉吃，小白臉的錢被年輕女子媚媚吃，媚媚的錢被大胖子吃，最後大胖子的錢

[5]　劉以鬯，《天堂與地獄》（香港：獲益，2016），頁 28。

又被徐娘吃回去。四人完成「吃」與「被吃」的循環，以利益、瞞騙和分割的感情構成，同時展示一種「壓制」與「被壓制」的關係。對照〈北角的上海情景〉對北角上海籍舞女的描寫，〈天堂與地獄〉更多著墨於香港咖啡館的背景，小說中角色的添加，形成巧妙的佈局，能突顯人性與社會的複雜。劉以鬯批判的對象，由個人（上海舞女）轉移到地方（香港），對應戰後南來上海人於香港生活的兩個層面，一方面浸淫於北角小區的南來上海人事，另一方面逐漸融入香港的整體社會。劉以鬯選擇以生活中最日常的「吃」，展現「吃」的延伸深層意義，貫穿戰後香港所見的不同人物、地方和文化。

3、小結

劉以鬯的小說具豐富的飲食書寫，不少採材於現實生活，部分上海與香港的片段，契合上世紀四、五十年代的生活、飲食、文化和歷史，亦是劉氏從上海南來香港的寫照，能反映當時部分南來文人的生活。俄國餐館和菜式是劉以鬯小說中重要的文化符號，不單成為小說的場景和道具，更能透視當時上海人如何於香港重構昔日的生活和口味，以致俄國餐館和菜式於香港一度興盛，是香港飲食文

化發展重要的歷史一環。劉以鬯的書寫進一步將飲食發揮，延伸至深層的意涵，展示人與人之間的行為和慾念，以至批評香港利益掛帥、互相欺瞞的社會風氣。劉以鬯的飲食書寫蘊含時代意義，串連個人的經歷和思想，甚具參考與研究價值，有待更仔細的梳理和研究。

飲食・創作・社區：文學與文化結合的全民教育視野

一、引言

2017 年筆者創立「蕭博士文化工作室」，以推廣香港飲食文化為主要目標。於飲食的主題下，衍生各種活動，「飲食與地區書寫計劃」（或略寫成「本計劃」）是當中最大型的，所包含的項目多樣，並一直持續至今，從未間斷。本計劃以飲食、創作與社區為題，旨在將三者融合，成為更具趣味和效益的教學內容和方法。彭兆榮從人類學角度出發，指出：

> 食物作為文化符號不獨是其本身的主題，它還是文化語境中的敘事。「吃」本身就是一種行為，它可以超越行為本身的意義，可以與其他社會行為交替、並置、互文，並

使其他社會行為的意義得以凸顯。[1]

純粹的飲食行為，具有延伸出多種意義的重要性，而個人的行為經過時間、空間的累積和聚合，形成社會上的表徵，帶有個人、群體、社區、社會的特色，能夠突顯自身的獨特性，並與他人作出區別。飲食與社區存在雙向的影響，兩者都值得深入探研，綜合了解亦有助大眾進一步思考彼此的關係。

創作於飲食與社區當中，同樣起重要作用，個人的想法可通過書寫來記錄，創作本身同時是有助觀察和激發創意的渠道，於本計劃中，與飲食、社區起相輔相承的作用。葛紅兵（1968-　　）及劉衛東（1983-　　）曾指出，創意寫作學科創立的價值，與本計劃組成的元素有相同的想法，內文談到：

> 創意寫作學科建設，可以實現本土文化資源向創意的批量轉化，不但可以激活既有文化資源，實現對本土文化的保護和再生，讓它成為城市公共文化的重要組成部分，還可以立足於這些文化資源，重塑城市的文化氛圍，提高

---

[1]　彭兆榮，《飲食人類學》（北京：北京大學出版社，2013），頁 80。

創意城市文化創新活力。[2]

創意寫作能夠從文化與地方中獲得創意和材料，可以「激活文化」，使文化得以「保護和再生」，而文化也需要植根於社區之中。將此概念與本計劃的本質對照，創意寫作能讓大眾更深入、廣泛了解香港的飲食文化，繼而觀照社區的變遷，同時可刺激大眾創作時的創意，以及取材時的豐富程度。

本計劃以香港為背景，教授的文化知識具備本地的獨特性，這點同時是本計劃的重要教育內容，梁秉鈞（筆名也斯，1949-2013）講述香港文化時談到：

> 傳統文化在此的變化移位，當然跟香港作為南方海港城市本身變化的性質有關，與它的西化背景、商業經營、一代一代移民的來去也有關。[3]

因應地緣和歷史的關係，香港文化自有演化的進路，是值得香港大眾認知，並作為談論、研究的主體，當中飲食文化更佔據重要位置。焦桐（本名葉振富，1956-　）談飲食

---

[2]　葛紅兵，劉衛東，〈從創意寫作到創意城市：美國愛荷華大學創意寫作發展的啟示〉，載《寫作》，2017 年第 11 期，頁 28。

[3]　梁秉鈞，〈香港飲食與文化身份研究〉，載《味覺的土風舞：飲食文學與文化國際學術研討會論文集》（台北，二魚文化，2009），頁 236。

時提到：

> 人類文明的發展，靠的是一張嘴。飲食是一種文化，一種審美活動，緊密連接著生活方式，不諳飲食的社會，恐怕罹患了文化的失憶症。[4]

飲食充斥社會各處，為大眾每天所接觸，飲食文化處於背後，大眾未必都能了解，或具備接觸的意識，所以往往最容易受到忽略。針對這普遍現象，本計劃以飲食文化為教學、推廣的重點之一，期待大眾的飲食文化知識能得到整體的提升。

香港文學作品中，記錄不少與飲食、創作、社區相關的資料，閱讀和導讀的經驗，有助於教授文化、歷史的知識，並作為例子，提升創作的技巧，逯耀東（1933-2006）談飲食文學時指出：

> 在文學作品裏有很多描繪不同時代的飲食生活，包括蔬果、茶酒與飲食習慣或飲食行業的經營。透過這些文學作品，可以了解飲食在社會變遷中的影響。[5]

---

[4] 焦桐：《暴食江湖》（台北：二魚文化，2009），頁10。

[5] 逯耀東，《肚大能容——中國飲食文化散記》（台北，東大，2007），頁17。

◎ 飲食・創作・社區：文學與文化結合的全民教育視野

文學蘊含豐富的材料，切入本計劃飲食、創作、社區的題目，同時可用於閱讀、教學，是本計劃不可或缺的元素。

「飲食與地區書寫計劃」由飲食、創作、社區建構而成，具有多元融合的特色，當中包含文化與文學元素，豐富計劃的內容。本計劃設定多項目標，務求達到預期的教育及推廣成效，當中設計的項目有多種類型，進而發展出不同的活動，並與多個單位合作，招募不同年齡的參加者，實踐香港飲食文化與創作的全民教育。

二、要素與特色

筆者所辦的「飲食與地區書寫計劃」，包含飲食、創作與社區三大元素，特色可見於三個範疇的融合，彼此產生的化學作用。飲食、創作與社區交疊成多重關係（如圖一所示），構成知識上的連結，衍生各種項目（本文第四部分「項目類型」會加以詳述），給參加者多元的學習和體驗。本計劃於飲食元素當中，刻意加入文化與文學的材料，用於增加參加者對兩者的認識，下文將會逐一說明：

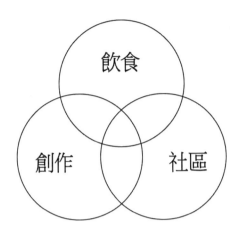

圖一

「創意寫作」一詞於香港並不陌生，但深入討論之前，需要了解創意寫作於社會各個範疇的接受程度。對一般大眾而言，創意寫作是觸手可及的範疇，只要個人作主動，不論經驗深淺均可投入其中，這類創意寫作是屬於「自發式」，所以進出最為自由，絲毫不受年齡、身分等類別的規限。另一種恆常接觸到的創意寫作，可歸納成「學習式」的，指學生於小學、中學、大學等不同學習階段，於課程設計上所出席的創意寫作課，當中各個學習階段的教材、主題均有差異。

香港的大學有以創意寫作為題的科目，主要為學生提供寫作教學與創意訓練，啟發學生的思考，進而將想法用文字來表達。小學與中學方面，寫作相對的創意成分較少，

著重以考題得分為主，較多注意用字、結構、修辭等方面，主題傾向穩中求勝，「少創意」成為標榜的元素。小學與中學真正投入創意寫作範疇的，屬於「興趣式」的活動，於課餘時間為學生提供額外的指導，讓有興趣寫作的學生參加，或令學生從中培養出興趣，進一步提升個人的寫作水平。「興趣式」的活動不限於學校，坊間不少機構會舉辦以創意寫作為題的興趣班，供各界人士參加。參加者是否自願不得而知，相對「自發式」的投入，「興趣式」仍有課程上的限制，並有教與學的元素在其中。

於「自發式」、「學習式」和「興趣式」的分類下，若要將創意寫作推至全面的涵蓋面，達至全民教育的目標，「飲食」是適切的題材。飲食是人類賴以為生的必需，具有「全民性」與「必要性」的特質，這對每個人而言都是一致的，所以各人都必定有其經歷，能夠抒發、交流、思考和書寫。飲食於維生的本質以外，因時間和空間的不同，交雜、滋長而成的個人經驗，聚合的口味，流轉的歷史，累積的文化，多彩多姿、千差萬別。梁實秋（1903-1987）早有談到：「飲食一端，是生活藝術中重要的項目，未可以小道視之。」[6]正道出飲食的無限可能，但這範圍融入於生活當中，卻往

---

[6] 梁實秋，《白貓王子及其他》（台北：九歌出版社，1984），頁225。

往被視為小道，甚至是視而不見。飲食課題的重新審視和發現十分重要，進一步併合創意寫作的範疇，可構成知識與寫作的結合，形成學習的有機循環。

飲食的個人體驗最為貼身，是印象最深的部分，但除此以外，飲食所包含的豐富文化內涵，同樣值得探討，林乃燊（1923-　）談到：

> 飲食文化是人類不斷開拓食源和製造食品的各生產領域，和從飲食實踐中展開的各種社會生活，以及反映這二者的多種意識形態的總稱。[7]

飲食於個人與社會的多重關係，建構成恆久以來的文化，可作為教育時的切入，同時是創意寫作的寶貴素材。文化以外，飲食以文字方式記錄於文學當中，可以從中探索歷史、追尋文化，也可成為創作前經閱讀吸收知識的渠道，並可嘗試模擬、學習前人的飲食書寫。飲食於文學中的重要位置，〈散文的創作現象〉一文談到：

> 文學裏的美食總是帶著懷舊況味，令人沉思，令人咀嚼再三。大概美食屬於記憶，曾經嚐過的美好食物，保存

---

[7]　林乃燊，《中國古代飲食文化》（台北：商務印書館，1994），頁 1。

在記憶裏徘徊，回味。[8]

飲食文學包含記憶、思考和回味，三者正好用以勾起創作動機，逐步組成個人化的創作。

飲食從個人的文化累積，到人類群體生存聚合成社會，通過觀察社會的面貌，能夠了解飲食文化的潮流和變遷，鍾怡雯（1969-　）談飲食與社會的關係時，提到：

> 飲食是一種文化方式，無論東方或西方，它具體而微的凸顯出一個民族和社會的特質。飲食因此可視為社會學，自有其嚴密的文化結構和社會性。[9]

從個人到社會，逐步建構出飲食的地方特色，若反向而行，從社會出發，可追溯文化建構時的方式。社會是較為宏觀的面向，微觀可分成各個社區，認識可以從特定的小地方出發。Tim Cresswell（1965-　）談地方與人時，提到：

> 地方也是一種觀看、認識和理解世界的方式。我們把世界視為含括各種地方的世界時，就會看見不同的事物。我們看見人與地方之間的情感依附和關連。我們看到意義

[8]　何寄澎審定；吳旻旻、何雅雯執筆，〈散文的創作現象〉，輯於《1998台灣文學年鑑》（台北：行政院文化建設委員會，1999），頁31。

[9]　鍾怡雯，〈論杜杜散文的食藝演出〉，載《中外文學》，總363期，2002年8月，頁84。

和經驗世界。[10]

深入走訪每個地方，有助於「觀看、認識和理解」，觀點變得不同，人與地方的情感會變得更細緻，甚至更能凸現個人遊走的感覺和經驗，而這特定的小地方，套入現今社區的概念，是貼近生活的做法，與飲食和創作起相輔相成的效果。

三、計劃目標

「飲食與地區書寫計劃」具有十個主要目標，下文將逐點略加解說：

1. 實行全民的飲食教育

「飲食與地區書寫計劃」通過不同項目，教導各年齡層的參加者，包含單一團體、跨團體及跨年齡層的項目，務求於香港實行全民的飲食教育。

2. 認識飲食文學

通過飲食文學的介紹、導讀，為參加者提供深入閱讀

---

[10] Tim Cresswell 著；王志弘、徐苔玲譯，《地方：記憶、想像與認同》（台北：群學，2006），頁 21-22。

的契機,接觸飲食文學,提升閱讀與討論的興趣。

3. 認識香港飲食文化

藉由教學、交流、遊戲、創作等項目,令參加者認識不同時代的香港飲食文化,並結合生活中的例子,重新審視周邊的飲食文化元素。

4. 培養品味素質

焦桐談到:「品味並非與生俱來,需要點點滴滴地養成。」[11] 本計劃以閱讀、接觸、烹調、品嚐作為渠道,引導參加者從食材、調味、製作等方面,仔細思考美食生成的原因,從而培養參加者的品味素質。

5. 提升創作興趣

通過遊戲和指導,擴闊參加者對創作的認知層面,並以飲食與社區為題,加強生活感與貼近性,引起樂趣,提升興趣。

6. 增強創作技巧

參加者經由文本細讀、創作方法介紹、課堂討論等活動,能於現有的創作水平上,增進創作知識,並經由寫作練

---

[11] 焦桐編,《臺灣飲食文選 I》(台北:二魚文化,2003),頁 4。

習，熟練、深化各種技巧。

7. 提升觀察能力

參加者於食物感觸的訓練，能了解觀察食物的深入方法。於實地品嚐美食的同時，可以結合飲食主題，觀察食肆中的人事環境。通過社區導覽，參加者能結合當區的歷史、文化知識，以多重角度觀照社會。

8. 關注社區議題

通過堂上討論與實地探索，參加者走訪社區，了解社區的面貌與當前面對的問題。另一方面，參加者通過與業內人士溝通與商店的參訪，能認識食肆與各類公司、組織的經營生態與發展，進而了解、思考不同的社區議題。

9. 適應跨界學習

參加者於項目中，需進行閱讀、創作、實地考察等跨界學習活動，吸收飲食與社區的不同知識。另外，部分項目需與跨學校或跨年齡的參加者一同學習，參加者需於項目中，適應各類型的跨界學習。

10. 擴大計劃的影響

本計劃的不同項目，會於網上宣傳，亦會於校內或組織內展示成果，部分文章後續印製成文案，分發予其他學

生，從計劃的外與內兩方面，擴大計劃的影響。

四、項目類型

「飲食與地區書寫計劃」包括飲食、創作及社區三大元素，不同元素的交疊會形成各樣的主題，自此衍生導向不同的項目，而本計劃正正將重點置於三大元素均重疊的正中位置（見圖二），項目與當中活動會更為融合的安排，下文會逐一分析。

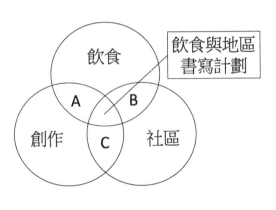

圖二

A. 飲食、創作

飲食、創作方面（見圖二 A 位置），曾舉辦的相關項目是「飲食與創作的講座」及「飲食書寫比賽」，講述飲食文

學，教導以飲食入文的創作技巧。

B. 飲食、社區

飲食、創作方面（見圖二 B 位置），曾舉辦的相關項目是「社區飲食導賞」，通過相片、短片、實地考察，從歷史、文化方面，講述飲食與社區的關係，引發參加者的討論與反思。

C. 創作、社區

創作、社區方面（見圖二 C 位置），曾舉辦的相關項目為「社區創作導賞」及「社區創作徵文比賽」。「社區創作導賞」帶領參加者深入社區，觀察社區人事景物，進而通過歷史、文化的講解，讓參加者於學習後創作作品，表達個人對社區的看法。

D. 飲食、創作、社區

飲食、創作、社區方面（見圖二中心位置），曾舉辦的相關項目是「飲食與地區書寫工作坊」與「飲食與地區書寫講座」。兩個項目均包括上述三部分各元素重疊時所衍生的主題，教學方法、涉及素材和相關活動，因應項目的時間長短而有所調整。

五、計劃內容

根據第四部分所述，飲食、創作及社區三大元素，能併合成不同主題，衍生各樣項目，大部分與創作相關，部分可作為創作活動的補充元素。本計劃同時著重全民教育，張永祿（1975-　　）談創意寫作工作坊時，綜合出二項獨特性，提到：

> 第一，反對靈感模式和傳統的師徒式的工坊，提倡教師和學生地位平等的開放模式。第二，採用更為開放的選擇空間，根據學生水平和需要，制定不同層次的工坊路線。[12]

創意寫作工作坊講求教師與學生的平等、開放關係，於本計劃的各個項目亦強調這點，用以更好地發揮飲食、創作及社區的主題，使參加者得到最優質的學習成效和創意訓練。張永祿於上文亦談到，要根據學生的水平與需要，制定不同層次的工作坊路線，這同樣是本計劃於實行時著重調整的方向，讓不同年齡、界別的參加者，能夠輕鬆學習，盡情投入學習與創作的氛圍之中，進而於同一主題下，

---

[12]　張永祿，〈創意寫作研究的學科願景、知識譜系與研究方法〉，載《寫作》，2020 年第 5 期，頁 49。

作跨代、跨界別的溝通和共融。下文會依據項目的性質分類，引例詳述項目的對象、主題、內容及相關單位，以展示「飲食與地區書寫計劃」的多樣性。

A. 講座

A.「粵講粵有趣」

講座「粵講粵有趣」與仁德天主教小學合辦，參加者為小學生，講座包含飲食與創作元素。講座一方面以香港文學作品為例，導讀同時揀選粵語詞彙作解釋，部分與飲食相關，例如「豆泥」、「卡位」。另一方面從生活出發，講解香港今昔的粵語詞彙，增加參加者的認識，並鼓勵他們運用於創作之中。

B.「品味古今飲食文化」

講座「品味古今飲食文化」與妙法寺劉金龍中學合辦，參加者為中學生，講座包含飲食、創作、社區元素。講座以香港文學作品為例，講解飲食與創作的結合方法，指導參加者於創作中加入飲食和生活的元素。另外，進一步延伸到飲食文化的部分，以現今潮流為例，啟發參加者對學校周邊社區的關注，從飲食生活出發，思考社會與人的關係。

C.「敬老護老計劃」

講座「敬老護老計劃」與仁愛堂胡忠長者地區中心合辦，參加者為長者，講座包含飲食與社區元素。講座向參加者講解現今飲食潮流，例如：新素食、超級食物，參加者能接觸不同食材，並通過現場的講解和烹調，品嚐食物，學習煮法，同時將知識於社區內擴散。

D.「香港文學中的飲食文化」

講座「香港文學中的飲食文化」與康樂及文化事務署香港公共圖書館、《聲韻詩刊》合辦，參加者為市民大眾，講座包含飲食、創作、社區元素。講座以香港文學為中心，引例講解當中的解飲食文化，所選的文本與時代、社區相關，用以分析飲食與地方、潮流的關係，並指出作家以飲食和地方入文的創作手法。

B. 工作坊

「小作家培訓計劃：流動教室」

工作坊「小作家培訓計劃：流動教室」與《明報》合辦，參加者為中學生，工作坊包含飲食、創作、社區元素。為期一天的工作坊於烹飪工作室舉行，參加者通過製作「叉燒酥」，了解香港中、西文化融合的特色，並將親身烹調的經

驗轉化成創作。煮食以外，工作坊為參加者講解香港飲食文學及文化，同時將思考帶到各自居住的社區，鼓勵參加者將飲食、創作融入社區生命之中。

「飲食書寫、文化體驗與社區探索計劃」

工作坊「飲食書寫、文化體驗與社區探索計劃」與彩虹邨天主教英文中學合辦，參加者為中學生，工作坊包含飲食、創作、社區元素。工作坊為期四天，第一天於校內舉行，往後三天為社區考察。工作坊首天為「校內課堂」，包括文本閱讀、電影欣賞、互動遊戲，讓參加者從中了解香港飲食的歷史與文化，鼓勵參加者發表個人意見，進而將思考轉換到文字當中。第二天為「跨區考察」，參加者到屯門嶺南大學及井財街考察，了解屯門的文化和食肆，並經由屯門的地方組織分享，讓參加者於考察的同時，深入認識區內的生活和問題，鼓勵參加者記錄成文章。

第三天為「當區考察」，帶領學生考察學校所在的彩虹邨，與食肆的從業員交流，了解食肆的歷史，以及飲食與社區的關係，部分對話和飲食經歷，參加者整理成個人創作。第四天為「文化考察」，帶領參加者到上環海味街，入店訪問相熟店家，了解潮州人與上環、海味的歷史關係，進而到食肆「蓮香樓」和「潮味隆」，了解「粵式飲茶」與「潮州

打冷」文化。工作坊完結後，參加者的文章結集成小冊子，於校內宣傳和派發。

「跨代屯門飲食書寫計劃」

工作坊「跨代屯門飲食書寫計劃」與僑港伍氏宗親會伍時暢紀念學校、仁愛堂陳黃淑芳紀念中學、嶺南大學及嶺大長者學苑合辦，參加者來自四個年齡組別，分別是小學生、中學生、大學生及長者，工作坊包含飲食、創作、社區元素。工作坊為期四天，第一天於僑港伍氏宗親會伍時暢紀念學校，為小學生參加者進行「校內課堂」，通過香港的文學與電影，講解飲食文化與歷史。第二天於嶺南大學進行「校內課堂」，為中學生、大學生及長者，講授香港飲食文學及文化知識。

第三天於嶺南大學進行「跨代交流」活動，四組參加者混合分成四組，就飲食題目作交流和討論，並於嘗試食物以後，表達個人意見。第四天於屯門進行「社區導覽」活動，全程以飲食為題，參加者一行人到區內數家機構參觀，包括：收集剩菜的「民社服務中心」、協助婦女就業的「悠閑閣餐廳」、藝術與餐飲結合的「清山塾」、為精神康復者而設的「新生互動農場」。參加者通過考察與業內人士講解，深入認知相關範疇的知識，能進一步思考社區的問題，並

經過組員間的討論，合力完成小組的文章創作。

C. 徵文比賽

1.「全港中小學飲食書寫比賽」

「全港中小學飲食書寫比賽」於 2020 年舉辦，包含飲食、創作及社區元素，與多家單位合作。疫情之下，為提升學生對創作與飲食的興趣，比賽以「疫境搵兩餐」為題，貼近學生當時抗疫在家的生活，鼓勵小學生、中學生於疫情之下，積極創作，紀錄當下的所思所想，用文字回應社區和飲食文化的變遷。比賽分為初小、高小、初中、高中四個組別，吸引更多學生參與。

2.「滋味尋元：元朗區飲食書寫比賽」

「滋味尋元：元朗區飲食書寫比賽」於 2021 年舉辦，包含飲食、創作及社區元素。比賽目的為加強參加者對元朗社區的認識，同時以飲食作為觀察與創作的重點，提升大眾對飲食與創作的興趣，並通過自身的體驗，將感受轉化為文字。

六、總結

「飲食與地區書寫計劃」由「蕭博士文化工作室」建立並運作，以飲食、創作、社區作為主要元素，通過舉辦講座、工作坊與徵文比賽，將飲食、創作、社區三者融合，進而設計多種活動，包含：文本閱覽、知識傳授、多元訓練、交流分享、互動遊戲、烹飪實踐、食物品嚐、實地考察，增加參加者的投入感，並激發思考和創意。參加者於學習、遊戲、品嚐、操作、體驗等多種渠道，能找到適合個人的吸收方法，而文學、文化的養分更容易被參加者轉化，成為個人化的飲食與社區書寫。

飲食跟社會有密不可分的關係，從個人到社群，體驗、情感、思考可以依構成的組合，衍生繁雜而豐富的輸出。阿梅斯托（Felipe Fernandez-Armesto, 1950-　　）談飲食的演進時談到：

> 生的食物一旦被煮熟，文化就從這時這裏開始。人們圍在營火旁吃東西，營火遂成為人們交流、聚會的地方。烹調不光只是調理食物的方法而已，社會從而以聚餐和確定的用餐時間為中心，組織了起來。[13]

---

[13] 菲立普・費南德茲－阿梅斯托著；韓良憶譯，《食物的歷史：透視人類的飲食與文明》（台北，左岸文化，2005），頁 21。

飲食對個人和社區均有重要的影響，本計劃經由各個項目的完成，勾起大眾對飲食與社區的關注。大眾經不同項目所引發的意念，可以通過演說、討論來表達，本計劃進一步引導大眾，將想法、說法用文字紀錄，並運用觀察與寫作等技巧，完成個人的創作。飲食、創作、社區的結合，優點在於大眾可以依照個人的經驗來表達和創作，甚至可以達至跨代、跨界別的溝通和共融。高翔（1976-　）談創意寫作教學法時指出：

> 創意寫作教學法應該是一種開放的、讚賞式的價值導向，它鼓勵學生自我表達，鼓勵實驗精神，尊重學生的個性，對不同的聲音採取包容態度。[14]

創意寫作的教與學，無論導師、參加者都需要有開放、尊重、包容的特質，同時需要有空間作實驗嘗試，本計劃於項目設計與實行上，正好貫徹上述的重點。飲食與社區的題材能作為創作的養分，給予參加者創作上的依據和啟發，同時又可作個人的發揮。本計劃銳意作全民教育與推廣，目標是建基於飲食、創作和社區的緊密融入，所引發的化學作用之上。

---

[14] 高翔，〈虛構文學創意寫作工坊理論體系和實踐研究〉，上海大學，博士論文，2019，頁 18。

周進芳（1961-　）認為，推進創意寫作的過程中，要盡力擴闊參加者的視野，並突破「視域」的局限，文中提到四種視域，包括：「文化視域」、「知識視域」、「閱歷視域」、與「閱讀視域」[15]。「飲食與地區書寫計劃」的各個項目，正切合周進芳的說法，飲食文化與社區發展屬於「文化視域」，飲食歷史與創作技巧的傳授是「知識視域」，飲食體驗和社區導覽屬於「閱歷視域」，文本閱讀屬於「閱讀視域」。「飲食與地區書寫計劃」以多元的活動，擴闊參加者的視野，進而再回到創作之上，當中涉及到飲食、思考、寫作的訓練與實踐。本計劃於教育創意寫作的範疇中，加入「個人實踐」一項，達至「四視域‧一實踐」的教學目標。

---

[15]　周進芳，〈創意寫作的本土化運作〉，載《寫作》，2016 年第 12 期，頁 23-26，85。

參考書目：

1. 專書：

李瑞騰編輯，《1998 台灣文學年鑑》，台北：行政院文化建設委員會，1999 年。

林乃燊，《中國古代飲食文化》，台北：商務印書館，1994 年。

梁實秋，《白貓王子及其他》，台北：九歌出版社，1984 年。

彭兆榮，《飲食人類學》，北京：北京大學出版社，2013 年。

菲立普‧費南德茲－阿梅斯托著；韓良憶譯，《食物的歷史：透視人類的飲食與文明》，台北，左岸文化，2005 年。

逯耀東，《肚大能容──中國飲食文化散記》，台北，東大，2007 年。

2. 論文集：

焦桐主編，《味覺的土風舞：飲食文學與文化國際學術研討會論文集》，台北，二魚文化，2009 年。

3. 期刊：

李金鳳，〈創意寫作的「關鍵詞」聯想方法研究〉，載《寫作》，2019 年第 6 期，頁 51。

周進芳，〈創意寫作的本土化運作〉，載《寫作》，2016 年第 12 期，頁 25-26。

張永祿，〈創意寫作研究的學科願景、知識譜系與研究方法〉，載《寫作》，2020 年第 5 期，頁 46-55。

葛紅兵，劉衛東，〈從創意寫作到創意城市：美國愛荷華大學創意寫作發展的啟示〉，載《寫作》，2017 年第 11 期，頁 22-30。

鍾怡雯，〈論杜杜散文的食藝演出〉，載《中外文學》，總 363 期，2002 年 8 月，頁 84-95。

◎ 飲食‧創作‧社區：文學與文化結合的全民教育視野

初文叢刊 02

解構滋味：香港飲食文學與文化研究論集（滋味修訂版）

作　　者：蕭欣浩
責任編輯：黎漢傑
文字校對：聶兆聰
封面設計：Zoe Hong
法律顧問：陳煦堂 律師

出　　版：初文出版社有限公司
　　　　　電郵：manuscriptpublish@gmail.com
印　　刷：陽光印刷製本廠

發　　行：香港聯合書刊物流有限公司
　　　　　香港新界荃灣德士古道 220-248 號荃灣工業中心 16 樓
　　　　　電話 (852) 2150-2100 傳真 (852) 2407-3062

臺灣總經銷：貿騰發賣股份有限公司
　　　　　電話：886-2-82275988 傳真：886-2-82275989
　　　　　網址：www.namode.com

新加坡總經銷：新文潮出版社私人有限公司
　　　　　地址：366A Tanjong Katong Road, Singapore 437124
　　　　　電話：(+65) 8896 1946 電郵：contact@trendlitstore.com

版　　次：2019 年 6 月初版
　　　　　2022 年 7 月二版一刷
國際書號：978-988-76254-5-2
定　　價：港幣 108 元　新臺幣 370 元

Published and printed in Hong Kong